Hanns-J. Krause
Handbuch
Aquarienwasser

Hanns-J. Krause

Aquarien-wasser

Diagnose, Therapie, Aufbereitung

3. Auflage

ISBN 3-927997-00-5

Fotos: Hanns-J. Krause, Archiv bede-Verlag
Für Schäden, die durch Nachahmung veröffentlicher Artikel entstehen, kann der Verlag nicht haftbar gemacht werden.

Alle Angaben und Rezepte in diesem Buch wurden mit größter Sorgfalt erstellt und geprüft. Eine Haftung irgendwelcher Art ist jedoch ausgeschlossen. Für Hinweise auf Fehler oder für Anregungen ist der Verfasser jederzeit dankbar und wird sie gerne beantworten.

Eine Prüfung auf eventuelle Patent- oder andere Schutzrechte erfolgte nicht; bei gewerblicher Nutzung obliegt dem Anwender die entsprechende Verantwortung.

Inhaltsverzeichnis

A. Wasserchemie

1. Wasser, was ist das eigentlich?

Ohne Wasser kein Leben! Vor rund 2000 Millionen Jahren war unsere Erde übersät mit dampfenden Vulkanen, und aus der dichten Wolkenhülle regnete es pausenlos herab. Im Wasser begann allmählich sich das erste Leben zu regen in primitivster Form; daraus entstanden im Verlaufe von vielen hundert Millionen Jahren einfachste Algen und viel später auch höher entwickelte Wasserpflanzen. Wasser war auch die Geburtsstätte der allerersten Tiere; es waren weichhäutige, wirbellose Meerestiere. Und vor erst 300 Millionen Jahren hatte sich das Leben so hoch entwickelt, daß die ersten Pflanzen das Wasser verlassen konnten und das Land besiedelten; später folgten viele Tiere. Aber noch heute sind alle Pflanzen und Tiere der Erde auf das Wasser angewiesen! Sie würden jämmerlich zugrunde gehen ohne das kostbare und lebenserhaltende Naß!

Was ist Wasser? – Der Physiker sieht eine klare Flüssigkeit, die bei 0 °C zu Eis wird und bei 100 °C verdampft. Ihm fällt auf, daß das Wasser merkwürdigerweise bei +4 °C seine größte Dichte besitzt, also bei dieser Temperatur am schwersten ist und Wasser mit anderer Temperatur unterschichten kann. So kommt es, daß noch kälteres Wasser und Eis an der Oberfläche bleiben. Das ist biologisch von größter Bedeutung! Denn so bleibt auch im kalten Winter am Grunde der Gewässer noch der Lebensraum „Wasser" erhalten; er wird außerdem oben durch eine wärmeisolierende Eisschicht vor weiterem Gefrieren gut geschützt. Gäbe es diese Dichte-Anomalie nicht, würde in den Seen vom Grund her ein Eisblock langsam nach oben wachsen und das Leben im Wasser auslöschen.

Was ist Wasser? – Der Chemiker sieht eine geruch- und geschmacklose Flüssigkeit, die weder Säuren- noch Basencharakter hat. Und das, obwohl sie die entscheidenden Merkmale einer Säure (H-Ionen) und einer Base (OH-Ionen) enthält! Wasser kann merkwürdigerweise dadurch entstehen, indem zwei Gase miteinander reagieren: Werden 2 Raumteile Wasserstoff (H) und 1 Raumteil Sauerstoff (O) verbrannt, so entsteht Wasser mit der chemischen Formel H_2O! – Dem Chemiker fällt weiterhin auf, daß das Wasser außerordentlich viele Stoffe in Lösung bringen und halten kann; es ist d a s Lösungsmittel schlechthin! Eine biologisch äußerst wichtige Eigenschaft, denn das Wasser als Lebensraum vieler Pflanzen und Tiere muß zugleich Lösungsmittel sein für alle Nährstoffe und Ausscheidungen.

Was ist Wasser? – Biologisch gesehen ist reines Wasser, also chemisch H_2O, ein absolut toter Lebensraum; denn reines Wasser ist nährstofffrei. Außerdem quillt darin infolge osmotischer Wasseraufnahme jede einfache Zelle auf bis zum Zerplatzen. Biologisch einwandfreies Wasser muß eine Mindestmenge an gelösten Stoffen, meist Salze, enthalten! Das gilt für unser Trinkwasser genauso wie für unser Aquarienwasser. Nähere Kenntnisse über die im Wasser gelösten Stoffe sind deshalb wichtig für eine erfolgreiche Aquaristik!

2. Welche Stoffe sind im Wasser gelöst?

Es lassen sich drei Stoffgruppen unterscheiden: Salze, Gase und organische Verbindungen.

2.1 Salze

Wasser, das im Erdreich versickert, kann auf seinem Wege die verschiedensten Mineralien lösen. Diese sind dann als Salze im Wasser nachweisbar. Je nach geologischer Struktur von Sicker- und Quellgebiet enthält das Wasser andere Salze.

Unter einem Salz versteht der Chemiker das Reaktionsprodukt aus einer Säure und einer Base. So entsteht z. B. bei der Reaktion von Salzsäure mit Natronlauge das Natriumchlorid, allgemein besser bekannt als Kochsalz:

$$HCl + NaOH \rightarrow NaCl + H_2O$$

Salzsäure + Natronlauge → Natriumchlorid + Wasser

Weil es sehr viele Säuren gibt, die mit ebenfalls sehr vielen Basen reagieren können, gibt es Unmengen verschiedener Salze! Je nach ihren Ursprungsstoffen haben die Salze andere chemische Formeln und verschiedene Eigenschaften. Das ist biologisch von sehr großer Bedeutung! Lösen sich Salze im Wasser, so drängen sich die Wassermoleküle derart intensiv dazwischen, daß die meisten Salzmoleküle aufgespalten werden zu Ionenpaaren; diesen Prozeß nennt der Chemiker Dissoziation. Aus einem zuvor elektrisch neutralen Salzmolekül entstehen dann ein positiv geladenes Ion (Kation) und ein negativ geladenes Ion (Anion). Beim Natriumchlorid, also dem Kochsalz, sieht das so aus:

$$NaCl \rightarrow Na^+ + Cl^-$$

Natriumchlorid → Natrium-Ion + Chlorid-Ion

Im Wasser schwimmen also genau besehen keine Salze, sondern deren elektrisch geladene Bruchstücke (Ionen). Die Aufspaltung in Ionen ist so gründlich, daß man hinterher nicht immer feststellen kann, welches Ion eigentlich aus welchem Salz seinen Ursprung hat. Deshalb werden bei den Wasseranalysen grundsätzlich nicht die Salze angegeben, sondern nur die aufgefundenen Ionen.

Wasser kann zum Beispiel folgende Ionen enthalten:

Im Wasser häufig vorkommende Ionen			
positiv geladene Ionen (Kationen)		negativ geladene Ionen (Anionen)	
Ammonium	NH_4^+	Chlorid	Cl^-
Kalium	K^+	Hydrogen-carbonat	HCO_3^-
Natrium	Na^+	Nitrit	NO_2^-
Barium	Ba^{2+}	Nitrat	NO_3^-
Calcium	Ca^{2+}	Carbonat	CO_3^{2-}
Eisen	Fe^{2+}	Sulfat	SO_4^{2-}
Magnesium	Mg^{2+}	Phosphat	PO_4^{3-}
Mangan	Mn^{2+}		
Strontium	Sr^{2+}		

Die hochgestellten Ziffern und ±-Symbole in der Tabelle kennzeichnen die Größe und Art der elektrischen Ladung. Einige Ionen können ihre Ladung wechseln. So kann z. B. das Eisen auch als Fe^{3+} vorkommen oder das Mangan als Mn^{4+}.

Das Meerwasser hat weltweit die gleiche Zusammensetzung. Deshalb kann ein künstliches Meerwasser für Fische vom Indischen Ozean oder von der Karibik nach genau dem selben Rezept hergestellt werden:

MEERWASSER Verteilung der häufigsten Ionen (Gew. %)			
Kationen		Anionen	
Na^+	83,6 %	Cl^-	87,2 %
Mg^{2+}	10,1 %	SO_4^{2-}	12,2 %
Ca^{2+}	3,3 %	HCO_3^-	0,6 %
K^+	3,0 %		
Gesamtsalzgehalt stets etwa 36000 mg/l			

Das Süßwasser dagegen kann sehr verschieden zusammengesetzt sein. Sein Gesamtsalzgehalt schwankt überwiegend im Bereich von 100-800 mg/l. Überraschenderweise aber ist in den meisten Süßwässern das Mengenverhältnis der Ionen untereinander sehr ähnlich, und zwar unabhängig vom Gesamtsalzgehalt! Das heißt, sowohl sehr stark salzhaltige Süßwässer als auch weniger salzhaltige haben oft eine erstaunlich gleichartige Ionenverteilung. Untersuchungen an Seen in aller Welt ergaben folgende Mittelwerte, das sogenannte Ionen-Standardverhältnis:

SÜSSWASSER IONEN - STANDARDVERHÄLTNIS mittlere Verteilung der häufigsten Ionen (Gew. %)			
Kationen		Anionen	
Ca^{2+}	64,4 %	HCO_3^-	80,0 %
Na^+	18,4 %	SO_4^{2-}	13,7 %
Mg^{2+}	10,6 %	Cl^-	6,3 %
K^+	6,6 %		
Gesamtsalzgehalt überwiegend um 100-800 mg/l			

Nur wenige Süßwässer weichen merklich ab vom Ionen-Standardverhältnis. Zu den Ausnahmen gehören z. B. der Schwarzwasserfluß Rio Negro, bei dem anstelle der Hydrogencarbonat-Ionen deutlich die Sulfat- und Chlorid-Ionen überwiegen, oder der Tanganjika-See mit seinem erhöhten Gehalt an Natrium.

2.2 Gase

Alle offenen Gewässer tauschen mit der Atmosphäre ständig Gase aus: Sauerstoff (O_2), Stickstoff (N_2), Kohlendioxid (CO_2) und andere. Aus der Luft wandern Gasmoleküle in das Wasser hinein, aber gleichzeitig wandern auch Gasmoleküle wieder aus dem Wasser heraus an die Luft. Die Geschwindigkeit der beiden Prozesse hängt wesentlich ab von den jeweiligen Gasdrücken sowie von der Temperatur. Nach einiger Zeit kommen die Austauschprozesse scheinbar zur Ruhe, weil gleichzeitig genau so viele Gasmoleküle aus der Luft in das Wasser hineinwandern wie umgekehrt auch heraus. Dann besteht ein Gleichgewicht der Gase in Luft und Wasser! Bei 20 °C und 1013 hPa* Luftdruck stellen sich folgende Werte ein:

Gasgleichgewicht bei 20 °C und 1013 hPa			
	in der Luft	im Wasser	
	Volumen %	Vol.-%	mg/l
Stickstoff	78,1	1,12	14,2
Sauerstoff	20,9	0,56	9,1
Kohlendioxid	0,033	0,025	0,51

Dieser Gleichgewichtszustand des Wassers mit der Luft wird häufig als „Sättigung" bezeichnet. Das ist irreführend! Der Begriff verleitet zu der Annahme, höhere Konzentrationen seien unmöglich. Doch können im Wasser auch höhere Gasmengen gelöst sein! So enthält z. B. frisch gezapftes Bier mehrere tausend mg/l CO_2; bei langem Stehen an der Luft verliert das Bier seinen CO_2-Gehalt

* hPa = Hektopascal, früher Millibar.

bis zum obigen Gleichgewichtswert von etwa 0,5 mg/l, es wird „schal“. Auch andere Gase, zum Beispiel Sauerstoff, können im Wasser viel stärker konzentriert sein, als es dem Gleichgewichtswert entspricht. Wenn man aber das System Wasser/Atmosphäre sich selbst überläßt, so streben die Konzentrationen ihrem Gleichgewichtswert entsprechend der Tabelle zu. Diesem Verhalten wird der Begriff „Sättigung“ keineswegs gerecht!

Die Tabelle zeigt auch, daß die Gaskonzentrationen in Luft und Wasser sehr verschieden sind. So enthält Luft 20,9 Vol.-% Sauerstoff, belüftetes Wasser nur 1/37 davon, nämlich 0,56 Vol.-%! Das ist ein wesentlicher Grund, weshalb im Verlaufe der Entwicklungsgeschichte viele höher entwickelte Tiere das Wasser verließen.

2.3 Organische Verbindungen

Dies sind sehr vielfältige Verbindungen mit meist relativ großen Molekülen. Ihr Grundgerüst besteht aus Kohlenstoff, der in Ketten, Ringen oder ähnlichen Gebilden angeordnet sein kann. An das Grundgerüst können die verschiedensten anderen Stoffe gekoppelt sein und recht bizarre Gebilde ergeben. Organische Verbindungen wurden einst als Bausteine von Organismen entdeckt und erhielten so ihren Namen; später gelang bei vielen auch die Synthese. Heute sind etwa 5 Mio. verschiedene organische Verbindungen bekannt. Viele von ihnen spielen biologisch eine außerordentlich wichtige Rolle. In belebten Gewässern der Natur wie auch im Aquarium sind regelmäßig erhebliche Mengen an organischen Verbindungen gelöst. Näheres siehe Teil C „Organische Verbindungen“.

B. Wasseranalytik

1. Der Umgang mit Reagenzien

Wer chemisch nicht vorbelastet ist, hat oft Angst vor Chemikalien. Die Angst ist unbegründet, wenn die nachfolgenden Sicherheitsregeln beachtet werden. Täglich werden in jedem Haushalt zahlreiche Chemikalien bedenkenlos benutzt, die keineswegs harmlos, sondern bei unsachgemäßem Gebrauch sogar sehr gefährlich sind! Zum Beispiel: Essigessenz, Haarfärbemittel (Peroxide!), Fleckenmittel aller Art, Zusätze zum Aufwischen, WC-Reiniger usw. Sogar Geschirrspülmittel sind ernsthaft lebensgefährlich, falls sie getrunken werden (Kinder!), denn der Schaum verstopft die Atemwege! Gefährliche Chemikalien sind auch fast alle Arzneimittel einschließlich der Fischheilmittel. – Das alles beweist: Nicht Angst, sondern Aufklärung und umsichtiges Handeln ist die richtige Devise!

Sicherheitsregeln:

- Bei chemischen Arbeiten grundsätzlich nicht essen, nicht trinken, nicht rauchen. Es besteht die Gefahr, daß Substanzen in den Mund geraten.
- Berühren der Chemikalien vermeiden, viele Substanzen durchdringen die Haut! Nach Hautkontakten reichlich unter fließendem Wasser abspülen.
- Alle Reagenzien müssen vor Mißbrauch sicher aufbewahrt werden (Kinder!).

Wohin mit den gebrauchten Reagenzien? Um die Antwort drücken sich viele Hersteller. Zwar sind die meisten Wassertests relativ harmlos; doch kann z. B. eine auf Ammonium getestete Wasserprobe etwa 0,1% Quecksilber enthalten. Bei den sehr kleinen und nur gelegentlich anfallenden Reagenzmengen ist kaum ein anderer Weg gangbar, als die wenigen Milliliter nach Gebrauch in den Ausguß zu schütten und sofort reichlich mit Wasser nachzuspülen. Der Ausguß in der Küche aber muß unbedingt tabu bleiben, denn hier werden auch Lebensmittel und Geschirr gewaschen!

Wer viel analysiert (Fischzüchter usw.), frage den Hersteller nach der richtigen Entsorgung seines Wassertests.

Der beste Arbeitsplatz für wasserchemische Untersuchungen ist – wie beim Hobby-Fotolabor auch – am Waschbecken im Badezimmer. Hier können auch die Reagenzien und sonst noch benötigten Chemikalien griffbereit in einem verschließbaren Schränkchen untergebracht werden.

2. Die richtigen Reagenzien

Aquarienchemie ist heutzutage kein Hexenwerk mehr. Mit gut zusammengestellten Reagenziensätzen kann jedermann die wichtigsten Wasserinhaltsstoffe schnell und hinreichend genau messen. Für den chemisch interessierten Leser habe ich das jeweils bevorzugt angewandte Reaktionsprinzip angegeben; so werden die Eigenheiten der verschiedenen Verfahren besser verständlich.

Im Zoohandel sind einfache Wassertests zu relativ niedrigen Preisen erhältlich, deren Meßgenauigkeit für die Aquaristik im allgemeinen ausreicht. – Höhere Meßgenauigkeit und bessere Störsicherheit bieten die Reagenziensätze für Berufs-Chemiker aus dem Chemielaborhandel, verständlicherweise sind deren Preise aber um ein Mehrfaches höher.

Die Anwendungs- und Meßbereiche der Reagenziensätze können je nach Anbieter sehr unterschiedlich sein, die Angebote wechseln. Das Firmenverzeichnis im Teil F gibt unverbindlich Auskunft.

Auswahl-Kriterien. Vor dem Kauf eines Wassertestes prüfe man folgende Punkte:

Meßbereich. Die in den einzelnen Kapiteln dieses Buches angegebenen Grenzwerte müssen meßbar sein. Und zwar vor allem der untere Grenzwert! So z. B. ist ein Eisentest für 0,1 bis 10 mg/l Fe aquaristisch unbrauchbar, denn im Aquarienwasser sind etwa 0,03 bis 0,1 mg/l Eisen erwünscht.

Der Aufdruck z. B. „Meßbereich bis 10 mg/l" läßt vermuten, daß alle kleineren Werte meßbar seien. Das ist jedoch niemals der Fall!!! Jeder Test hat eine untere Grenzempfindlichkeit, d. h. er funktioniert erst ab einer Mindestkonzentration. Im Zweifelsfall in der Gebrauchsanweisung nachlesen, wieviel mg/l Substanz einem Reagenztropfen entspricht, oder (falls vorhanden) auf der Farbskala den kleinsten Wert ablesen.

Farbskala. Sie muß gut und klar abgestuft sein. Wenn z. B. bei einem schlechten pH-Test die Farben nur um Nuancen gestuft sind, treten leicht unzumutbare Ablese- bzw. Meßfehler auf. Hinzu kommt oftmals bei einfachen Tests, daß der Farbdruck ohnehin gewissen Schwankungen unterliegt.

Meßglas. Kunststoff-Meßgläser haben nicht selten eine leichte Eigenfarbe, die beim Vergleichen mit der Farbskala des Testes Meßfehler hervorrufen kann. Zur Prüfung blicke man durch das leere Meßglas auf ein weißes Blatt Papier.

Probenvolumen. Wassertests mit großem Volumen der Wasserprobe arbeiten meist verläßlicher. Warum? Tests mit kleinerem Probenvolumen erfordern zwangsläufig eine höhere Verdünnung der Reagenzien. Verdünntere Reagenzien aber verderben leichter! – Zum Beispiel muß bei einem Sauerstofftest mit nur 20 ml Probenvolumen eher mit Falschmessung gerechnet werden infolge verdorbener Reagenzien (bei sonst gleichen Bedingungen) als bei einem Sauerstofftest mit größerem Probenvolumen von 40 ml.

3. Haltbarkeit der Reagenzien

Die Reagenzien sind sehr verschieden lange haltbar. Einige bleiben jahrelang unverändert, wie z. B. die meisten GH-, KH- und pH-Tests. Andere können schon nach wenigen Monaten falsche Meßergebnisse liefern. Pauschale Angaben sind nicht möglich.

Auch ein Garantiedatum bietet erfahrungsgemäß keine Sicherheit! Es bedeutet nur, daß der Hersteller bis zu diesem Tag einen fehlerhaften Test umtauscht. Das Datum besagt keineswegs, daß bis dahin der betreffende Test mit Sicherheit fehlerfrei mißt! Gerade in der unteren Preisklasse kommt es nicht selten vor, daß ein Test weit vor Ablauf des Garantiedatums ganz erheblich falsch mißt.

Besonders leicht verderben Reagenzien mit reduzierenden Substanzen, also z. B. Phosphat- und Nitrattests. Anfällig sind auch Kohlensäure- und manche Sauerstofftests. Das gilt insbesondere für solche Fabrikate, die Wasserproben mit nur sehr kleinen Volumina benutzen, denn deren Reagenzien müssen entsprechend stark verdünnt sein.

Grundsätzlich halten sich alle Reagenzien wesentlich länger, wenn sie luftdicht verschlossen, kühl und dunkel aufbewahrt werden, also z. B. frostfrei im Kühlschrank.

Soweit möglich, habe ich Rezepte für Prüflösungen angegeben, mit denen die Wassertests kontrolliert werden können. Die Zubereitung erfordert sehr sauberes Arbeiten! Hohe Verdünnungen, z. B. 1:1000, werden in mehreren Stufen durchgeführt. Die meisten Prüflösungen sind nur kurze Zeit haltbar.

Fehlt eine Analysenwaage, so ist das Abwiegen kleiner Substanzmengen schwierig. Eine gute Briefwaage kann folgendermaßen als Behelf dienen: Man wiege die 10-fache Menge ab und löse sie in Wasser und fülle auf 100 ml auf, dann enthalten 10 ml dieser Lösung die gewünschte Substanzmenge. Der Verlust an Genauigkeit ist aquaristisch durchaus tragbar.

Ergeben sich bei der Prüfung nennenswerte Abweichungen, kann man die Reagenzien in den meisten Fällen weiter verwenden. Es genügt, den Fehler zu kennen, und kann künftig die Meßergebnisse mit einem Korrekturfaktor berichtigen. – Beispiel: Ein Gesamthärtetest mißt in der 20 °d-Prüflösung nur 18 °d. Künftig werden die Ergebnisse mit dem Faktor 20/18 = 1,11 multipliziert!

Für den Normalverbraucher wird es einfacher sein, im Zweifelsfall neue Reagenzien zu kaufen (die beim Händler nur kurze Zeit gelagert haben sollten) und angebrochene Reagenzien nach spätestens 12 Monaten auszutauschen.

Auf Expeditionen in die Tropen verderben manche Wassertests überraschend schnell und liefern dann irreführende Resultate! Der Verderb passiert weniger im warm-feuchten Tropenklima, sondern sehr wesentlich durch das Klima auf der Flugreise. Das ist bisher keinem Hersteller bekannt. Viele Veröffentlichungen in der Aquaristik – sogar von sehr namhaften Autoren – enthalten falsche Analysen, weil unbemerkt die Reagenzien verdorben waren! Leider wurden oft daraus entsprechend falsche Schlüsse gezogen und zur Regel erhoben! Zum Schaden der ganzen Aquaristik.

Nicht nur in den Tropen entstehen gelegentlich starke Zweifel: Hat das Gewässer tatsächlich so extreme Eigenschaften, oder sind die Reagenzien total verdorben? Im Reisegepäck ist natürlich kein Platz ist für die meist ebenfalls verderblichen Prüflösungen. Deshalb habe ich, soweit möglich, außerdem Verfahren zur orientierenden Schnellprüfung auf Funktion angegeben; so kann man auch im tiefsten Urwald feststellen, ob die Reagenzien überhaupt noch arbeiten oder etwa total verdorben sind!

4. Richtiges Analysieren

Zu jedem Reagenziensatz gehört eine Gebrauchsanweisung. Sorgfältiges Lesen hilft Meßfehler zu vermeiden. Hier noch einige zusätzliche Hinweise:

Die Probenmenge üblicher Wassertests beträgt etwa 5 bis 40 ml. Diese winzige Wassermenge muß, sofern das Aquarienwasser nicht kräftig umgewälzt wird, keineswegs repräsentativ sein für das gesamte Aquarium! Genauso wie die Temperatur kann auch die Stoffverteilung im Aquarium ungleichmäßig sein. Das gilt insbesondere für Sauerstoff, Kohlendioxid und pH-Wert, weil deren Werte im Tagesrhythmus stark schwanken; Fehler von 10-30% sind keine Ausnahme. In kritischen Situationen daher mehrere Proben von verschiedenen Stellen entnehmen und messen!

Das Volumen der Wasserprobe beeinflußt bei vielen Tests entscheidend das Ergebnis. Werden z. B. bei einer GH-Bestimmung anstelle der vorgeschriebenen 5 ml Wasserprobe fälschlich 5,5 ml benutzt, so fällt das Meßergebnis 10 % höher aus! – Die Probengefäße haben Füllstands-Markierungen. Die richtige Füllung kann nur durch seitliches Betrachten in Augenhöhe beurteilt werden: Der untere Rand des Meniskus muß mit der Markierung übereinstimmen (Bild B04.1)!

Hilfreich ist eine skalierte Plastikspritze aus der Apotheke. Man saugt die Wasserprobe z. B. bis zur 5-ml-Markierung aus dem Aquarium und gibt sie in das Probengefäß. (Bei senkrechtem Gebrauch verursacht die kleine Luftblase aus dem Stutzen keinen Meßfehler, weil allein der Hub des Kolbens maßgebend ist). – Es ist überhaupt empfehlenswert, einige Plastikspritzen mit 2, 5, 10 und 20 Milliliter Inhalt vorrätig zu haben als Büretten-Ersatz; das Abmessen kleiner Flüssigkeitsmengen, z. B. beim Herstellen von Prüf- oder Korrekturlösungen, wird wesentlich erleichtert!

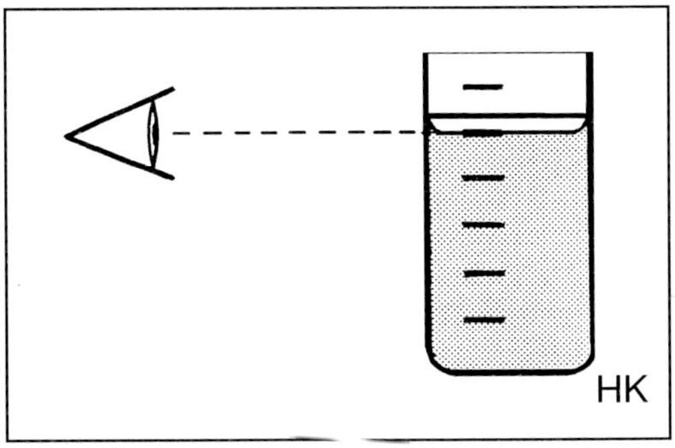

Bild B04.1: Wenn der untere Rand des Meniskus mit dem Maßstrich übereinstimmt, dann ist die richtige Füllmenge erreicht.

Beim Tropfen müssen die Reagenzienflaschen unbedingt senkrecht gehalten werden. Die Tropfenfolge darf nicht schneller sein als 1 Tropfen pro Sekunde. Sonst wird die richtige Tropfengröße nicht erreicht, und die Reagenzmenge stimmt nicht. Insbesondere bei Messungen, bei denen die Anzahl der verbrauchten Tropfen direkt das Meßergebnis darstellt (z. B. GH, KH), würden erhebliche Meßfehler entstehen.

Die Reagenzien müssen mit der Wasserprobe vermischt werden. Dazu wird das Probengefäß geschwenkt oder geschüttelt. Dabei darf es keinesfalls nach Praktiker-Art mit dem Daumen oder Handballen verschlossen werden, sondern nur mit einem sauberen Stopfen! Bekanntlich soll jeder Hautkontakt mit Chemikalien vermieden werden. Noch wichtiger aber ist die Tatsache, daß viele Messungen bereits durch Spuren von Hautschweiß total verfälscht werden, denn Schweiß enthält unter anderem Ammoniak, Phosphate und diverse Säuren!

Viele Wassertests ergeben eine Farbreaktion, die anschließend mit einer Farbtafel verglichen werden muß. Die richtige Farbtiefe entwickelt sich oft erst nach einer bestimmten Reaktionszeit, z. B. nach 5 Minuten. Danach kann sich die Farbe langsam weiter verändern. Es ist wichtig, daß genau nach der vorgeschriebenen Zeit abgelesen wird.

Der Farbvergleich kann sehr unterschiedlich ausfallen, je nachdem ob das Reagenzgläschen beim Durchblicken auf die Unterlage aufgesetzt wird oder in einigem Abstand darüber- bzw. davorgehalten wird. Um Ablesefehler zu vermeiden, die richtige Anwendung in der Gebrauchsanweisung nachlesen und beachten!

Beim Farbvergleich stets Tageslicht benutzen, denn hierauf sind die Farbtafeln abgestimmt! Die Druckfarben enthalten zwangsläufig andere Farbstoffe als das Reaktionsgemisch, deshalb können je nach Lichtqualität die Farben abweichen und damit erhebliche Ablesefehler entstehen. – Woher aber nach Feierabend noch Tageslicht nehmen? Licht von Leuchtstofflampen ist unbrauchbar, auch von solchen mit „5000 K Tageslichtfarbe“, ihr Farbspektrum ist ungleichmäßig! Gut geeignet ist helles Glühlampenlicht, das durch ein passendes Blaufilter korrigiert wird. Teure Spezialleuchten sind nicht erforderlich. Es genügt, beim Farbvergleich durch ein handliches Blaufilter zu schauen. Geeignet sind z. B. Fotofilter, wie sie für Tageslichtfilme bei Kunstlicht benutzt werden (Hama KB 12 oder ähnliche). Die richtige Anwendung zeigt Bild B04.2.

Bild B04.2: Mit einem vor das Auge gehaltenen Blaufilter (z. B. Hama KB 12, Fotogeschäft!) lassen sich auch bei Glühlampenlicht die Farben richtig ablesen. Licht von Leuchtstofflampen ist nicht geeignet!

Hat das Wasser eine Eigenfärbung (Schwarzwasser, Torffilterung o. ä.), überlagern sich Eigenfarbe und Reaktionsfarbe zu einem kaum auswertbaren Gemisch. – Hier können „Komparatoren“ weiterhelfen. Diese benutzen zwei Wasserproben parallel: Die eine wird wie üblich mit Reagenzien behandelt und reagiert farbig; die andere bleibt unbehandelt und dient als Farbfilter zum Betrachten der Farbskala. So wird die Eigenfarbe des Wassers kompensiert. Bild C04.3 auf Seite 30 zeigt ein Beispiel für einen solchen Komparator-Test.

5. Die Meßergebnisse

Es hat sich bewährt, stets genau Protokoll zu führen. Darin werden nicht nur die gefundenen Meßergebnisse notiert, sondern auch besondere Ereignisse, wie z. B. Wasserwechsel, Fischzugänge, Lampenwechsel, Einbau der CO_2-Anlage usw. Manchem mag das pingelig vorkommen, doch die Praxis beweist, daß beim Nachlesen älterer Protokolle mancher Pflegefehler erkannt wird und sich dann künftig vermeiden läßt.

Das Aquarium enthält, wie jedes biologisch intakte Gewässer, eine kaum übersehbare Vielfalt an makro- und mikrobiellen Lebewesen. Deren Aktivitäten und damit naturgemäß auch deren Stoffwechsel unterliegen ständigen Schwankungen. Folglich unterliegt auch die chemische Zusammensetzung des Wassers gewissen Schwankungen. Ein einzelner Meßwert hat deshalb nur eine beschränkte Aussagekraft, und eine chemische (Voll-)Analyse kann stets nur eine Momentaufnahme des Biotops darstellen. Erst bei längerer analytischer Beobachtung und strikter Protokollführung lassen sich die Meßwerte und ihre Schwankungen richtig deuten und damit das Biotop verläßlich beurteilen!

Viele Meßwerte ändern sich innerhalb weniger Tage, manche sogar innerhalb von Stunden (z. B. O_2, CO_2, pH-Wert). Deshalb muß im Protokoll außer dem Datum auch die Uhrzeit notiert werden. Es ist biologisch ein großer Unterschied, ob z. B. 30 mg/l CO_2 am Morgen oder am Abend gemessen werden.

Anfänger neigen dazu, den Wert einer Einzelmessung stark zu überschätzen. Das Wasserklima setzt sich aus sehr vielen Komponenten zusammen, die oft miteinander verkoppelt sind. So z. B. ist ein hoher Ammoniumgehalt nur dann gefährlich, wenn zugleich auch der pH-Wert hoch ist. Oder ein niedriger pH-Wert nur dann, wenn die Carbonathärte hoch ist, usw. Darauf wird in den einzelnen Kapiteln genau eingegangen. Es ist ähnlich wie in einem Orchester: Die Gesamtheit aller Instrumente entscheidet über den Wohlklang! Allerdings sei zugegeben: Wenn ein wichtiges Instrument bzw. Analysenergebnis arg danebenliegt, dann kann schon Schlimmes passieren!

Die Ergebnisse sollen mit höchstens zwei Stellen angegeben werden, also z. B. 14 °d GH (nicht 14,4) oder 7,2 pH (nicht 7,23). Es mag sein, daß auf der Skala drei- oder mehrstellige Werte ablesbar sind, aber die Abstufung einer Skala, d. h. die Skalenauflösung, hat überhaupt nichts zu tun mit der Meßgenauigkeit! Dreistellige Angaben in der Aquaristik täuschen eine Genauigkeit vor, die überhaupt nicht vorhanden ist. Sie sind deshalb blanker Unsinn! Aquarienübliche Wassertests haben oft erhebliche Meßfehler; ich habe Abweichungen bis zu 30 % festgestellt. Sie sind zum Teil durch Alterung bedingt, liegen aber meist im Meßverfahren selbst, z. B. in der schwankenden Tropfengröße oder ungenauen Probenmenge. Bei gewissenhafter Arbeit kann eine Genauigkeit von kaum besser als 10 % erzielt werden. Das reicht aquaristisch völlig aus! Auch bei aquaristisch üblichen dreistelligen digitalen pH-Metern und Leitfähigkeitsmessern ist trotz sorgfältiger Handhabung nur Verlaß auf zwei Stellen!

Das Ergebnis „Null“ mg/l gibt es nicht!!! Grundsätzlich ist in jedem Wasser alles nachweisbar! Es kommt allein auf den Analysenaufwand an! - Wird z. B. bei einer Eisenmessung keine Farbreaktion erhalten, so bedeutet das keineswegs, daß kein Eisen enthalten ist. Es bedeutet nur, daß die Mengen zu gering sind, um mit diesem Eisentest noch nachweisbar zu sein. Hat dieser Eisentest als niedrigsten Skalenwert z. B. 0,05, dann lautet das Ergebnis nicht etwa „0“, sondern „< 0,05 mg/l Fe“. Das Zeichen < bedeutet „kleiner als“. - So wird z. B. in Reiseberichten oft sehr diffus angegeben: „Härte = 0 °d“. Mit dieser Aussage kann man nur wenig anfangen! Richtig wäre vielmehr je nach den benutzten Reagenzien: „< 1 °d“ oder „< 0,2 °d“! Dann wüßte der Leser entschieden mehr über das Biotop. Beachte dabei: Die Angaben 1 bzw. 0,2 °d unterscheiden sich um den Faktor fünf!

Die angegebenen Grenzwerte haben keinerlei Beziehung z. B. zur gesetzlichen Trinkwasserverordnung, sondern sie sind aus Erfahrungen in der Fischerei- und Aquarienpraxis erwachsen. Weil die Verträglichkeit vieler Stoffe abhängt z. B. von der Gegenwart oder Abwesenheit anderer Stoffe, vom pH-Wert oder von der Redoxspannung, dürfen die Grenzwerte keinesfalls als strikt verbindlich angesehen werden! So ist z. B. das Kupfer je nach Gehalt an chelatisierenden organischen Verbindungen verschieden stark wirksam. Auch können Fische unterschiedlich reagieren je nach Art, Geschlecht, Größe, Gesundheit, Fütterungszustand usw. Es wurde versucht, die Grenzwerte so anzugeben, daß sie in der normalen Aquarienpraxis auch unter weniger günstigen Umständen genügend Sicherheit bieten. Eine Garantie kann aus genannten Gründen nicht übernommen werden.

C. Diagnose und Therapie

0. Warnung

Im Wasser können unzählig viele verschiedene Stoffe gelöst sein. Für die Aquaristik sind jedoch nur relativ wenige Inhaltsstoffe bzw. chemo-physikalische Parameter von Bedeutung; auf die wichtigsten wird in den folgenden Kapiteln eingegangen. Grundsätzlich kann das Aquarienwasser also mehr Stoffe enthalten, als in diesem Buch erwähnt sind.

In den meisten Kapiteln ist auch beschrieben, wie die Wasserzusammensetzung korrigiert werden kann. Jedoch sollten nur wirklich notwendige Korrekturen durchgeführt werden, also zum Beispiel wenn ein Grenzwert überschritten ist und deshalb Gefahr droht. Denn:

- Jede Veränderung des Wassers bedeutet Neuanpassung und damit Streß für die Bewohner. In krassen Fällen können sogar latente Krankheiten ausbrechen und/oder der Pflanzenwuchs stokken.

- Fast jede Korrektur bewirkt zugleich – meist unerwünschte – Änderungen anderer Komponenten, denn Ionen sind nicht als Einzelware erhältlich, sondern nur in Verbindung mit einem Partner. So wird z. B. beim Erhöhen des Kaliumgehaltes durch Zugabe von Kaliumchlorid zwangsläufig auch der Chloridgehalt erhöht.

- Das natürliche Mengenverhältnis der Ionen zueinander soll möglichst erhalten bleiben, denn an dieses „Ionen-Standardverhältnis" sind alle Süßwasserorganismen grundsätzlich mehr oder weniger angepaßt.

Sind umfangreiche Änderungen der Wasserzusammensetzung notwendig, so müssen sie stufenweise durchgeführt werden. Zwischendurch sind jeweils einige Tage Anpassungszeit für die Bewohner zu empfehlen, wenn nicht gerade akute Gefahr droht.

Vor jeder Korrektur der Wasserzusammensetzung steht unbedingt die Analyse! Jede wasserchemische Maßnahme ohne Kenntnis des Ist-Zustandes bedeutet Leichtsinn und Verantwortungslosigkeit gegenüber den Pfleglingen im Aquarium!

1. Ammonium NH_4^+

Bedeutung. In jedem Aquarium fallen organische Verbindungen an, z. B. in Form von Futterresten oder Fischkot. Ein Großteil davon sind Eiweiße (Proteine), also organische Verbindungen mit etwa 15-18 % Stickstoffgehalt. Beim oxidativen Reinigungsprozeß, wie er unter Bakterienhilfe in biologisch eingefahrenen Aquarien und besonders konzentriert in Aquarienfiltern abläuft, wird der zuvor organisch gebundene Stickstoff dann in anorganischer Form als Ammonium freigesetzt:

Eiweiße → Peptide → Aminosäuren → Ammonium

Im hygienischen Sinne ist das Ammonium-Ion NH_4^+ ein Verschmutzungs-Indikator, doch ist es relativ harmlos. Je nach pH-Wert aber wandelt sich ein Anteil davon um in Ammoniak (NH_3). Ammoniak ist ein giftiges Gas, das die Zellwände ähnlich leicht durchdringen kann wie Sauerstoff und Kohlendioxid. Gelangt zu viel Ammoniak in die Zelle, so steigt der pH-Wert im Zellsaft derart hoch an, daß lebenswichtige Funktionen blockiert werden.

Der Anteil des giftigen Ammoniaks im Wasser wächst mit dem pH-Wert. Sinkt der pH-Wert wieder, so wandelt sich das Ammoniak wieder zurück zum ungiftigen Ammonium-Ion. Dieser Prozeß verläuft spontan ohne Bakterienhilfe; er ist beliebig oft wiederholbar:

$$NH_4^+ + OH^- \longleftrightarrow NH_3 + H_2O$$

Ammonium-hydroxid ⟷ Ammoniak + Wasser

Wenn der pH-Wert zum Beispiel durch Teilwasserwechsel oder CO_2-Mangel ansteigt, kann es zur Freisetzung von giftigem Ammoniak und damit zu Fischverlusten kommen. Häufig wird die Ursache nicht richtig erkannt: Die Fische sind in solchen Fällen nicht etwa am Frischwasser oder am höheren pH-Wert gestorben, sondern an Ammoniak-Vergiftung!

Ammonium bzw. Ammoniak entsteht nicht nur bei der bakteriellen Zerlegung der Proteine. Fische scheiden täglich etwa 0,03 % ihres Gewichtes an Ammoniak aus; und zwar nicht nur über Kot oder Urin, sondern größtenteils über die Kiemen.

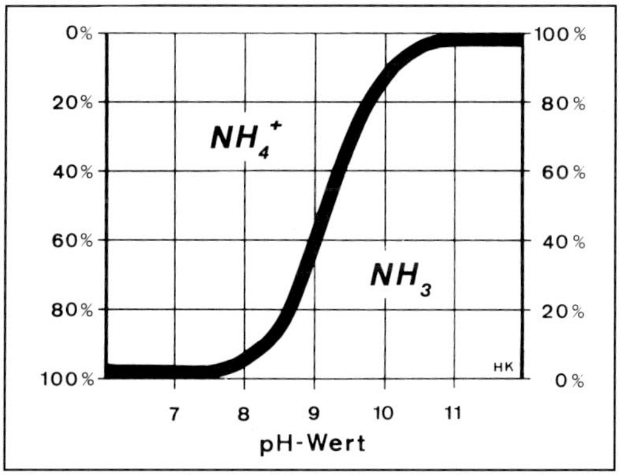

Bild C01.1: Anteile des NH_4/NH_3-Gemisches je nach pH-Wert (bei 25 °C). Beispiel: Vom NH_4/NH_3-Gemisch liegen bei pH 8,0 etwa 6 % als giftiges Ammoniak vor.

Für unsere Aquarienpflanzen ist Ammonium eine wertvolle und sehr bevorzugte Stickstoffquelle. Gutwüchsige Wasserpflanzen nehmen pro Gramm Frischgewicht täglich bis zu 0,1 mg Ammonium auf. In den meisten Aquarien fällt jedoch mehr Ammonium an, als der Pflanzenbestand verarbeiten kann. So entsteht mit der Zeit ein Überschuß, der im Normalfall durch Bakterien weiteroxidiert wird über Nitrit zu Nitrat.

Ist dieser Oxidationsprozeß gestört oder wird zu viel Ammonium bzw. Ammoniak produziert, kann es sich anhäufen. Das passiert beispielsweise, wenn zu viel Futter in das Aquarium gegeben wird. Gefährlich sind insbesondere stoßweise Überlastungen (Futterdose fällt in das Wasser!). Ganz besonders gefährdet sind neu eingerichtete Aquarien mit neuen Filtern, weil darin sich noch keine leistungsfähigen Bakterienkolonien angesiedelt haben, die das Ammoniak zügig weiteroxidieren über Nitrit zum Nitrat.

Messung. Zur Ammonium/Ammoniak-Messung sind zwei Verfahren gebräuchlich:

Neßler-Verfahren. Der Wasserprobe werden nacheinander 3 Reagenzien zugegeben: Seignettesalzlösung, „Neßlers-Reagenz" und Natronlauge. Bei Anwesenheit von Ammonium/Ammoniak bildet sich eine gelbbraune Trübung, die mit einer Farbskala verglichen wird. – Das Verfahren wurde bereits vor mehr als 50 Jahren benutzt. Bei manchen Fabrikaten sind „Neßlers-Reagenz" und Natronlauge in einer einzigen Tropfflasche vereint; das vereinfacht die Handhabung, verkürzt aber stark die sonst sehr hohe Haltbarkeit der Reagenzien. Weil das „Neßlers-Reagenz" etwa 10 % Quecksilberjodid enthält und deshalb sehr giftig ist, wird es zunehmend durch das Verfahren nach Berthelot verdrängt.

Verfahren nach Berthelot. Es werden ebenfalls drei Reagenzien benötigt, die jedoch relativ harmlos sind. Das Reaktionsprodukt färbt von gelb nach grün. Auch dieses Verfahren ist schon seit über 80 Jahren bekannt, gewann aber erst ab 1985 größere Bedeutung. Die Berthelot-Reagenzien sind nicht so gut haltbar wie die Neßler-Reagenzien; regelmäßige Funktionskontrollen sind sehr zu empfehlen.

Beide Verfahren messen stets den Gesamtgehalt an Ammonium plus Ammoniak; die Anteile je nach pH-Wert des Wassers sind ablesbar aus dem Diagramm auf Seite 19 oder genauer aus nebenstehender Tabelle.

Achtung: Unbedingt Hautkontakt mit der Wasserprobe vermeiden! Falschmessung möglich, denn Hautschweiß kann Ammoniak enthalten!

Prüfung. Es werden 0,297 g Ammoniumchlorid NH_4Cl in 500 ml Wasser gelöst. Nach Verdünnung 1:100 erhält man eine Prüflösung mit 2,0 mg/l NH_4^+-Ionen.

Orientierende Schnellprüfung auf Funktion: Die meisten Haushaltsreiniger sowie Urin enthalten sehr große Mengen an Ammonium/Ammoniak.

Grenzwerte. Sauberes Trinkwasser enthält weder Ammonium noch Ammoniak. Etwa 0,1 bis 0,5 mg/l NH_4^+/NH_3-Gesamtgehalt gelten in eingefahrenen Aquarien als normal. Wesentlich höhere Werte weisen hin auf ungenügende Filterung oder überbesetzte Aquarien.

Gefährlich ist, wie erwähnt, nicht das Ammonium-Ion NH_4^+, sondern das Ammoniak-Gas NH_3. Bei Dauereinwirkung muß bereits ab 0,02 mg/l Ammoniak mit Schädigungen gerechnet werden. Ab 0,20 mg/l Ammoniak sind schon nach wenigen Tagen Todesfälle zu erwarten.

Weil jede Messung stets Ammonium und Ammoniak gemeinsam erfaßt, kann das Meßergebnis erst nach einer zusätzlichen pH-Messung beurteilt werden. Der Anteil an giftigem Ammoniak läßt sich dann leicht aus folgender Tabelle ablesen. Die Bereiche über 0,02 bzw. 0,20 mg/l Ammoniak sind deutlich abgegrenzt.

NH_4^+/NH_3 Gesamtgehalt (mg/l)	Anteil des giftigen Ammoniak (mg/l) bei pH-Wert					Bewertung
	6,0	6,5	7,0	7,5	8,0	
0,1	<0,001	<0,001	0,001	0,002	0,006	harmlos
0,2	<0,001	<0,001	0,001	0,004	0,011	
0,3	<0,001	0,001	0,002	0,006	0,017	
0,5	<0,001	0,001	0,003	0,010	0,029	kritisch
0,8	<0,001	0,002	0,005	0,015	0,046	
1,0	<0,001	0,002	0,006	0,019	0,057	
1,2	<0,001	0,002	0,007	0,023	0,069	
1,5	<0,001	0,003	0,009	0,029	0,086	
2,0	0,001	0,004	0,012	0,038	0,114	
4,0	0,002	0,008	0,024	0,076	0,229	akut gefährlich
6,0	0,003	0,011	0,036	0,114	0,342	
8,0	0,004	0,015	0,048	0,152	0,458	

Beispiel: Es werden 0,5 mg/l Ammonium/Ammoniak Gesamtgehalt gemessen und pH 7,0. Dann beträgt der Anteil an giftigem Ammoniak 0,003 mg/l. Das ist weit unterhalb der kritischen Grenze von 0,02 mg/l.

Die Tabelle gilt nur bei 24 °C. Je 1 °C höherer/niedrigerer Temperatur sind bis zu 4 % höhere/niedrigere Werte vorhanden.

Erhöhen. Unerwünscht.

Senken. Ein zu hoher Ammonium/Ammoniakgehalt wird am einfachsten durch Wasserwechsel herabgesetzt. Der pH-Wert muß dabei beachtet werden; Gefahr kann drohen, wenn der pH-Wert dabei ansteigt, siehe Kapitelanfang.
Bei ständig erhöhter Konzentration ist das Aquarium überlastet. Dann muß der Fischbesatz reduziert oder ein leistungsfähigerer Filter installiert werden.

2. Chlor Cl_2

Bedeutung. Chlor muß streng unterschieden werden vom Chlorid (siehe dort). Chlor ist ein giftiges Gas. Es wiegt 2,5mal schwerer als Luft, kann also eine Bodenschicht bilden. Chlor ist ein starkes Oxidationsmittel, es zerstört schon in geringer Konzentration tierisches und pflanzliches Gewebe. Chlor hat einen typischen Geruch nach Hallenbad. Bereits 0,0001% Cl_2 in der Luft reizen die Atemwege.

Chlor wirkt stark desinfizierend. Deshalb wird es mitunter dem Wasser zugesetzt, um Krankheitskeime zu vernichten. In den USA gilt jedes Trinkwasser als verdächtig, das nicht kräftig nach Chlor riecht. In der BRD jedoch wird das Trinkwasser nur in besonderen Fällen gechlort, so z. B. bei der Wassergewinnung aus Talsperren oder beim Reinigen von Wasserbehältern. Es dürfen bis zu etwa 0,6 mg/l Cl_2 zugesetzt werden. In der Regel ist ein Großteil davon abgebaut, bis das Wasser den häuslichen Zapfhahn erreicht hat.

In der deutschen Aquarienpraxis spielt das Chlor kaum eine Rolle. Nur selten kommt es vor, daß beim Aufdrehen des Zapfhahnes ein Geruch nach Hallenbad wahrnehmbar wird (etwa 0,2 mg/l Chlor machen sich bereits deutlich bemerkbar). Wahrscheinlich wurde ein nahegelegener Wassertank gereinigt und abschließend mit Chlor desinfiziert. Dann aber ist Vorsicht geboten!

Messung. Gebräuchlich sind Verfahren mit Diethylphenylendiamin (DPD), es bildet einen roten Farbstoff. Seltener benutzt wird das ortho-Tolidin, es reagiert gelblich und kann auch zum Nachweis von Ozon verwendet werden.

Die Chlortests dienen meist zur Überwachung von Schwimmbadwässern, darin sind Gehalte von 0,3-0,6 mg/l üblich. Diese Tests messen oft erst ab 0,1 mg/l. Das ist für aquaristische Zwecke zu unempfindlich!

Die Nachweisempfindlichkeit kann man folgendermaßen verbessern: Die Wasserschicht ist bei den meisten Tests nur etwa 1,5 cm hoch. Anstelle des Original-Meßgefäßes benutze man ein schlankes Reagenzglas, das eine Schichthöhe von 15-20 cm erlaubt. Beim Beurteilen der Farbreaktion blickt man von oben in das Glas hinein auf eine weiße Unterlage, wobei am besten ein gleichartiges Glas ohne Reagenzienzusatz danebengehalten wird. Durch die 15-20 cm hohe Wasserschicht lassen sich nun auch geringe Farbreaktionen erkennen und damit bereits etwa 0,01 mg/l Chlor nachweisen! – Hinweis: Weil die Probenmenge meist etwas größer ist, muß entsprechend mehr Reagenzlösung zugetropft werden.

Die Haltbarkeit üblicher Chlortests ist beschränkt. Sie müssen insbesondere vor Licht geschützt werden!

Prüfung. Es werden 0,5 g Chloramin-T in 500 ml Wasser gelöst. Nach Verdünnung 1:250 erhält man eine Prüflösung, in der 0,5 mg/l Chlor nachweisbar sind. Die Lösung ist nur kurze Zeit haltbar. – Chloramin-T, auch Tosylchloramid-Natrium genannt, ist in Apotheken als Desinfektionsmittel erhältlich, z. B. als Präparat „Clorina“ in Tabletten je 0,5 g.

Grenzwerte. Aquarienwasser muß unbedingt chlorfrei sein. Bereits ab 0,1 mg/l muß mit Schädigungen gerechnet werden.

Erhöhen. Unerwünscht.

Senken. Falls das Leitungswasser ausnahmsweise Chlor enthält, wartet man am einfachsten einige Tage mit der Wasserentnahme, bis wieder chlorfreies Wasser gezapft werden kann. – Chlor kann z. B. folgendermaßen aus dem Wasser entfernt werden:

Chemisch: Chlor reagiert mit Natriumthiosulfat nach folgender Gleichung:

$$Na_2S_2O_3 + 4\,Cl_2 + 5\,H_2O \rightarrow 2\,NaHSO_4 + 8\,HCl.$$

Um 100 Liter Wasser mit 0,2 mg/l Cl_2 zu entchloren, kann man z. B. 5,6 ml einer 0,1N-Natriumthiosulfatlösung zusetzen. Die Lösung bezieht man entweder fertig oder stellt sie selbst her durch Auflösen von 24,8 g $Na_2O_2S_3 \cdot 5H_2O$ in 1 Liter Wasser. – Fotofixiersalze enthalten als Hauptsubstanz meist Natriumthiosulfat. Aber vor ihrem Gebrauch als Entchlorungsmittel sei gewarnt, denn sie enthalten häufig Zusätze von Ammoniumchlorid oder bestehen aus Ammoniumthiosulfat.

Die richtige Dosierung setzt genaues Messen des Chlorgehaltes voraus. Ein Überschuß an Natriumthiosulfat ist zwar nicht so gefährlich wie ein Rest an Chlor, aber doch unerwünscht. Beim Beseitigen von 0,2 mg/l Chlor entstehen nach obiger Gleichung 0,17 mg/l Natriumhydrogensulfat und 0,21 mg/l Salzsäure; beides fällt aquaristisch nicht ins Gewicht. Doch ist das folgende Verfahren mehr zu empfehlen.

Katalytisch: Das Wasser wird langsam durch ein Filter mit Aktivkohle geleitet. Darin wird das Chlor, katalytisch von der Aktivkohle unterstützt, zur Oxidation anderer Wasserinhaltsstoffe verbraucht. Das ablaufende Wasser ist chlorfrei.

3. Chlorid Cl^-

Bedeutung. Chlorid muß streng unterschieden werden vom Chlor. Während das Chlor (Cl_2) ein sehr giftiges Gas ist, hat dasselbe Element in Ionenform als Chlorid (Cl^-) völlig andere Eigenschaften! Chlorid gilt als physiologisch unbedenklich, es ist z. B. zu 65 Gew.-% im Kochsalz (NaCl) enthalten. Wie das Standard-Ionenverhältnis zeigt, ist das Chlorid im Süßwasser das dritthäufigste Anion; es kommt darin vor mit etwa 5-30 mg/l (Meerwasser um 18500 mg/l). Wässer über etwa 100 mg/l Chlorid schmecken salzig.

Das Chlorid gilt nicht als Nährstoff, weder für Tiere noch für Pflanzen. Doch spielt es im Wasserhaushalt der Zellen eine wichtige Rolle und kommt als Salzsäure in größeren Mengen vor im Magensaft. Das Angebot an Chloriden ist im allgemeinen viel höher, als die Organismen verwerten können. Ein starkes Überangebot schadet; das zeigen z. B. die Trinkwasserprobleme bei Schiffbrüchigen und die Schäden an Straßenbäumen durch Streusalz im Winter.

Im Aquarium kann der Chloridgehalt allmählich ansteigen, denn jedes Futter enthält etwas Chlorid (vor allem Salinenkrebse!), ebenso wie das Leitungswasser, das als Ersatz für verdunstetes Wasser nachgefüllt wird. – Bei zügigem Pflanzenwuchs dagegen kann der Chloridgehalt allmählich sinken, denn Pflanzen nehmen über ihren winzigen Bedarf hinaus weit mehr Chlorid auf und speichern es.

In der allgemeinen Aquarienpraxis gilt das Chlorid als unkritisch. Deshalb sind regelmäßige Kontrollen nicht erforderlich.

Messung. In die Wasserprobe wird etwas Kaliumchromat als Indikator gegeben. Dann tropft man langsam eine Silbernitratlösung hinzu, diese bildet mit dem Chlorid einen weißen Niederschlag aus Silberchlorid. Sobald alles Chlorid gebunden ist, tritt überschüssiges Silbernitrat auf, und der Indikator schlägt um von gelb nach orange. Die Menge des verbrauchten Silbernitrates ist Maß für den Chloridgehalt.

Aquaristisch geeignete Chloridtests sollten im Bereich von etwa 5 bis 50 mg messen können. Die Haltbarkeit der üblichen Reagenzien ist ausgezeichnet, sofern das Silbernitrat vor Licht geschützt wird.

Prüfung. Es werden 0,165 g Natriumchlorid (NaCl) in 500 ml Wasser gelöst. Nach Verdünnung 1:10 erhält man eine Prüflösung mit 20 mg/l Cl^--Ionen.

Für die Aquarienpraxis genügt als Natriumchlorid das Kochsalz aus der Küche, es besteht praktisch 100%ig aus NaCl.

Orientierende Schnellprüfung auf Funktion: Eine feuchte Fingerkuppe wird in Kochsalz getaucht und in einem kleinen Becherglas mit Wasser abgespült. Ein einwandfreier Chloridtest spricht auf diese NaCl-Menge deutlich an.

Grenzwerte. Der Chloridgehalt muß stets beurteilt werden im Zusammenhang mit den übrigen Anionen im Wasser. Ein Anteil von ungefähr 6,3 % entspricht dem Standard-Ionenverhältnis (siehe dort) und ist deshalb für die meisten Süßwasser-Organismen optimal. Daraus ergibt sich ein Richtwert von 1,7 mg/l Cl^--Ionen pro °d Carbonathärte.

Die meisten Organismen tolerieren erhebliche Abweichungen vom Standard. In seltenen Fällen können bei Fischen z. B. Vitalität und Wachstum gestört werden; Pflanzen können mit Wuchsverschlechterung reagieren oder im Extremfall mit Vergilben der Blätter. (Hinweis: Blaßgelbe Blätter werden äußerst selten durch Chloridfehler verursacht, sondern meist durch Eisenmangel!)

Erhöhen. Selten erforderlich! In 100 Liter Wasser wird durch 1,65 g Kochsalz der Chloridgehalt um 10 mg/l Cl^- erhöht. Gleichzeitig steigt der Natriumgehalt um 6,5 mg/l.

Senken. Selten erforderlich! Wasserwechsel durchführen, nötigenfalls mit entsalztem Wasser (siehe Ionenaustauscher).

4. Eisen Fe^{2+}/Fe^{3+}

Bedeutung. Das Eisen ist für alle Wirbeltiere und Pflanzen unbedingt lebensnotwendig. Die Fische, wie auch der Mensch, benötigen Eisen vor allem zur Bildung des roten Blutfarbstoffes Hämoglobin. Das Hämoglobin hat eine überaus wichtige Aufgabe im Blutkreislauf: Es wird in den Atmungsorganen mit Sauerstoff beladen und transportiert diesen in alle Teile des Körpers; auf seinem Rückweg nimmt es Kohlendioxid auf und transportiert es zu den Atmungsorganen zwecks Ausscheidung.

Auch Pflanzen benötigen Eisen, und zwar vor allem zur Bildung des Ferredoxin; Dieses Eisenproteid spielt bei der Photosynthese eine zentrale Schlüsselrolle. Bei Eisenmangel kann das lebensnotwendige Blattgrün Chlorophyll nicht synthetisiert werden (Chlorophyll selbst ist eisenfrei), die Pflanzen bilden dann weiß-farblose Blätter und verkümmern. Außerdem benötigen Pflanzen das Eisen neben Molybdän als Katalysator bei der Ernährung mit Nitrat (siehe dort).

Ein Katalysator ist eine Substanz, die bereits in kleinsten Mengen chemische Reaktionen stark beschleunigt; der Katalysator erscheint nicht im Endprodukt und wird auch nicht verbraucht. Ein Beispiel: Versuche, ein Stück Würfelzucker anzuzünden! Streue etwas Zigarettenasche darauf und wiederhole den Versuch!

In natürlichen Gewässern kommt das Eisen in sehr unterschiedlichen Mengen vor. Grundwasserquellen enthalten regelmäßig reichlich Eisen bis zu einigen mg/l. In Oberflächenwässern, also z. B. Seen und Flüssen, liegt der Eisengehalt meist erheblich niedriger. Im Aquarienwasser fehlt es oft. Woran liegt das?

Das Eisen kann in zwei verschiedenen elektrischen Ladungsformen auftreten, und zwar in zweiwertiger Form als Fe^{2+}-Ion oder dreiwertig als Fe^{3+}-Ion. Damit eng verknüpft ist seine Lösungsfähigkeit: Fe^{2+}-Verbindungen sind regelmäßig wasserlöslich, während Fe^{3+}-Verbindungen bis auf besondere Ausnahmen nicht wasserlöslich sind.

Die Umwandlung des Eisens von der einen in die andere Form und zurück hängt ab von pH-Wert und Redoxspannung. Die Zusammenhänge zeigt Bild C04.1.

Unter limnologischen und aquaristischen Bedingungen wird die Umwandlung des Eisens und damit seine Löslichkeit vor allem von der Redoxspannung bestimmt, die wiederum in diesen Wässern vom Sauerstoffgehalt geprägt wird. Siehe hierzu unter „Redoxspannung".

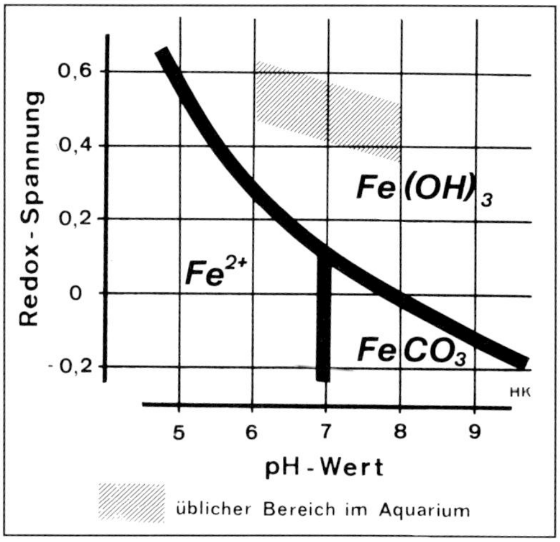

Bild C04.1: $Fe(OH)_3$ und $FeCO_3$ sind wasserunlösliche Fe^{3+}-Verbindungen. Nach STUMM und MORGAN (1981): Aquatic Chemistry. Wiley, New York. (Leicht verändert.)

Messungen an natürlichen Gewässern zeigen: Liegt der Sauerstoffgehalt unter etwa 1 mg/l O_2, so existiert das Eisen regelmäßig als Fe^{2+}-Ion. Weil es in dieser Form wasserlöslich ist, sind in solchen Gewässern Eisenvorkommen bis zu einigen mg/l möglich. Ein typisches Beispiel dafür sind Grundwasser-Quellen; die u.a. wegen ihres Nährstoffreichtums vielfach Pflanzen-Paradiese sind.

Wenn derartiges Quellwasser einige Zeit mit der Luft in Berührung war, hat es so viel Sauerstoff aufgenommen, daß die Fe^{2+}-Ionen in Fe^{3+}-Ionen übergehen. Dreiwertige Eisen-Ionen aber sind grundsätzlich nicht mehr wasserlöslich, sondern bilden unlösliche Verbindungen z. B. mit Phosphaten oder als Oxidhydrate, die als „Eisenocker" in Quellennähe ausfallen (Bild C04.2). Auf diese Weise verarmt das Wasser an Eisen und wird schließlich eisenfrei. Ein ähnlicher Prozeß läuft auch in vielen Aquarien ab und zwar vor allem in den Aquarienfiltern: Das sauerstoffhaltige Aquarienwasser verarmt ständig an Eisen, und der schwarzbraune Schlamm, der später beim Auswaschen des Filtermateriales herauskommt, ist extrem eisenhaltig!

Das Eisen kann auch bei höherem Sauerstoffgehalt stabil im Wasser gelöst sein, sofern es eine sogenannte Chelat- oder Komplexverbindung eingegangen ist. Dies sind Verbindungen mit bestimmten organischen Stoffen, sogenannten Chelatoren, die verschiedene Kationen ringartig derart fest umschließen können, daß sie nicht mehr zu eigenen Reaktionen fähig sind. Auch der chemische Nachweis der chelatisierten Kationen gelingt nicht mehr, sie sind scheinbar verschwunden oder, wie man auch sagt, „maskiert". Erst wenn das Chelat zerstört wird, kommen die maskierten Kationen wieder zum Vorschein. Außer Eisen können auch z. B. Aluminium, Blei, Cadmium, Calcium, Kupfer, Magnesium, Mangan und Zink eine Chelatverbindung eingehen. In der Aquaristik spielt das Eisenchelat die wichtigste Rolle, denn in dieser Form bleibt das Eisen auch bei hohem Sauerstoffgehalt im Wasser gelöst!

Das Eisen kann sowohl in zweiwertiger als auch in dreiwertiger Form eine Che-

Bild C04.2: Sauerstoffarmes Quellwasser kann viele Fe^{2+}-Ionen enthalten. Bei Luftkontakt wird das Eisen zum Fe^{3+} oxidiert und fällt bald als brauner Eisenocker aus (Pfeil). Quellgebiete sind, u.a. wegen der ständigen Nachlieferung von Nährstoffen, regelmäßig Pflanzenparadiese.

latbindung eingehen. Beide Chelate sind sehr gut wasserlöslich, jedoch ist das Fe^{3+}-Chelat chemisch am stabilsten. So ist die Stabilitätskonstante z. B. beim Fe^{3+}-EDTA (lg k = 25) weitaus größer als beim Fe^{2+}-EDTA (lg k = 14), nämlich um den Faktor 10^{11}, also hundertmilliardenfach!

Pflanzen können das komplette Eisenchelat aus dem Wasser aufnehmen und im Netzwerk ihres Zellverbandes (Apoplast) bis zu den Zellmembranen transportieren. Dort wird der schützende Chelator aufgebrochen, und das Eisen kommt als Nährstoff innerhalb der Pflanze wieder zum Vorschein!

Chelatoren werden wegen ihrer Funktion auch Nährstoffträger genannt. Es eignen sich sowohl synthetische Produkte, wie z. B. EDTA, NTA und besonders EDDHA, als auch viele natürliche organische Verbindungen (siehe dort). Zu letzteren gehören viele Stoffwechselprodukte im Aquarium sowie deren Abbaustufen. Hierin liegt einer der Gründe, weshalb in peinlichst sauber gefilterten Aquarien oftmals der Pflanzenwuchs stockt: Es mangelt an Chelatoren!

Aquarienwasser enthält regelmäßig über 1 mg/l Sauerstoff, zweiwertige Eisen- Ionen werden deshalb stets oxidiert in die dreiwertige, wasserunlösliche Form. Das

Eisen muß daher unbedingt als Eisenchelat gegeben werden, anderenfalls würde es sehr schnell wasserunlöslich werden und ausfallen. – Leider sind auch Eisenchelate im Aquarium nur begrenzt haltbar, denn die Chelatoren werden – wie alle organischen Verbindungen – in biologisch belebten Gewässern allmählich zerstört; der Schutzeffekt für das Eisen ist dann hinfällig, es wird oxidiert und fällt aus. Je nach Einzelfall kann der Prozeß einige Tage oder Wochen dauern. Dabei spielt weniger die Qualität des Chelators eine Rolle, sondern die Aktivität der Oxidanten im jeweiligen Aquarienwasser (Beachte den Sauerstoffgehalt!). Deshalb kann nicht vorausgesagt werden, wie lange eine Dosis Eisendünger vorhalten wird.

Im Filterschlamm der üblichen, oxidativ arbeitenden Aquarienfilter sammeln sich regelmäßig riesige Eisenmengen an. Messungen zeigen: Der braunschwarze Filterschlamm enthält oft 3000 mg/l Eisen und mehr, während im Wasser desselben Aquariums nicht einmal Spuren von 0,01 mg/l nachweisbar sind! Woran liegt das? Im Filter laufen intensive Oxidationsprozesse ab, die die Chelatoren allmählich zerstören und dann das Eisen ausfallen lassen. Die meisten Aquarienfilter, insbesondere die Rieselfilter, zeigen sich deshalb bei näherer Untersuchung geradezu als Fallen für Eisen und für andere oxidationsempfindliche Spurenelemente!

Messung. Verbreitet ist der Nachweis mit 1,10-Phenanthrolin, es bildet mit Eisen einen orangeroten Farbkomplex. Gut geeignet sind auch z. B. Reagenzien mit Dipyridyl-Verbindungen, sie ergeben einen violetten Farbkomplex.

Beide Reagenzien weisen nur Fe^{2+}-Ionen nach. Im Aquarium aber existiert das Eisen fast ausschließlich als Chelat, deshalb müssen die Eisentests Zusätze enthalten zum Aufschluß der Eisenchelate und zum Reduzieren der Fe^{3+}-Ionen. Geeignete Zusätze sind z. B. Thioglycol-Verbindungen, sie riechen allerdings unangenehm schweflig. Bei guten Eisentests ist die Farbtiefe der Wasserprobe nach wenigen Minuten voll entwickelt. Ein Test, dessen Reaktionsfarbe bei mehrstündigem Stehenlassen allmählich kräftiger wird, enthält ungenügende Aufschluß- bzw. Reduktionsmittel! Man kann versuchen, den Aufschluß zu verbessern, indem man die Wasserprobe nach Zugabe der Reagenzien erwärmt (Labor- Reagenzglas benutzen und vorsichtig über eine Gasflamme halten).

Aquaristisch geeignete Eisentests sollen noch 0,05 mg/l Eisen nachweisen können, besser noch 0,01 mg/l, siehe z.B. Bild C04.3 auf Seite 30. – Die meisten Eisentests sind mehrere Jahre haltbar.

Prüfung. Es werden 0,249 g Eisensulfat ($FeSO_4 \cdot 7H_2O$) in 50 ml 1N HCl gelöst und mit Wasser auf 500 ml aufgefüllt. Nach Verdünnung 1:100 erhält man eine Prüflösung mit 1,0 mg/l Fe^{2+}-Ionen. Die Lösung ist nur kurze Zeit haltbar.

Will man auch die Aufschlußfähigkeit prüfen, löst man 0,4 g Fetrilon® mit 13 % Fe-Gehalt in 500 ml Wasser. Nach Verdünnung 1:100 erhält man eine Prüflösung mit rund 1 mg/l Eisen. Die Meßgenauigkeit ist etwas geringer als beim ersten Verfahren, reicht aber für die Aquarienpraxis völlig aus. – Fetrilon® bildet ein ziemlich stabiles Chelat, deshalb muß man bei den meisten Eisentests den Aufschluß durch Erwärmen verbessern.

Orientierende Schnellprüfung auf Funktion: Auf einen Eisengegenstand gibt man einen Tropfen einer beliebigen Säure (Essig, Citronensaft o. ä.). Nach kurzem Einwirken spült man mit etwas Wasser ab und prüft es auf seinen Eisengehalt.

Grenzwerte. Für Aquarienpflanzen sind Werte von 0,03 bis 0,10 mg/l Eisen optimal. Unter 0,01 mg/l Eisen wird die Chlorophyll-Produktion gestört: Junge Blätter entwickeln sich nur kümmerhaft und bleiben gelblich-farblos. – Eisengehalte über 0,20 mg/l sollten vermieden werden; sie verbessern nicht den Pflanzenwuchs, sondern schaden eher, weil andere wichtige Nährstoffe verdrängt werden.

Werden ausschließlich Fische gehalten, spielt der Eisengehalt eine untergeordnete Rolle, denn Fische decken ihren Eisenbedarf vor allem aus der Nahrung. – Sehr hohe Konzentrationen ab etwa 1 mg/l können fischschädlich sein. Das gilt weniger für Eisenchelate, sondern für Fe^{2+}-Ionen, die unter dem Einfluß der Atmungskohlensäure sich im Kiemenbereich als Eisencarbonate niederschlagen können. Solche Fälle wurden gelegentlich an stark eisenhaltigen Quellen beobachtet, nicht jedoch in Aquarien.

Erhöhen. Geeignet sind ausschließlich Eisenchelate. Deshalb enthalten die meisten Aquariendünger „Eisen mit Nährstoffträger", also in Chelatform.

Wenn kein Volldünger, sondern nur Eisen zugegeben werden soll, kann man z. B. das bewährte Eisenchelat Fetrilon® benutzen. Es enthält 13 % (früher 5 %) komplex gebundenes Eisen. In 100 l Aquarienwasser wird der Eisengehalt um 0,1 mg/l erhöht durch Zugabe von 0,08 g Fetrilon®; das ist eine etwa erbsengroße Portion.

Alle Angaben zur Dosiswiederholung, wie etwa „jede Woche 1 Tablette", sind nicht einmal als grober Richtwert brauchbar! Jedes Aquarium hat einen unterschiedlichen Eisenbedarf. Dieser schwankt je nach Beleuchtung, Filterung, Futter, Pflanzenwuchs usw. in weiten Grenzen. Anhäufungen oder Mängel lassen sich nur vermeiden, wenn vor jeder Eisendüngung erst der Eisengehalt im Wasser gemessen wird.

Senken. Selten erforderlich. Nötigenfalls Wasserwechsel.

5. Carbonathärte KH (Säurekapazität)

(Fachsprachlich stets **C**arbonathärte, im allgemeinen Gebrauch auch noch „**K**arbonathärte").

Bedeutung. Natürliche Wässer enthalten regelmäßig größere Mengen an Carbonat- und Hydrogencarbonat-Ionen (CO_3^{2-}- und HCO_3^-). Diese Ionen gelten als Bildner der Carbonathärte, sofern eine mindestens zur Äquivalenz ausreichende Menge an Calcium- oder Magnesium-Ionen zugegen ist (Bildner der Gesamthärte!). Anders ausgedrückt: Jedes Carbonat- und Hydrogencarbonat-Ion muß einen entsprechenden Calcium- oder Magnesium-Partner finden können, um als Bildner der Carbonathärte zu gelten. Also kann definitionsgemäß die Car-

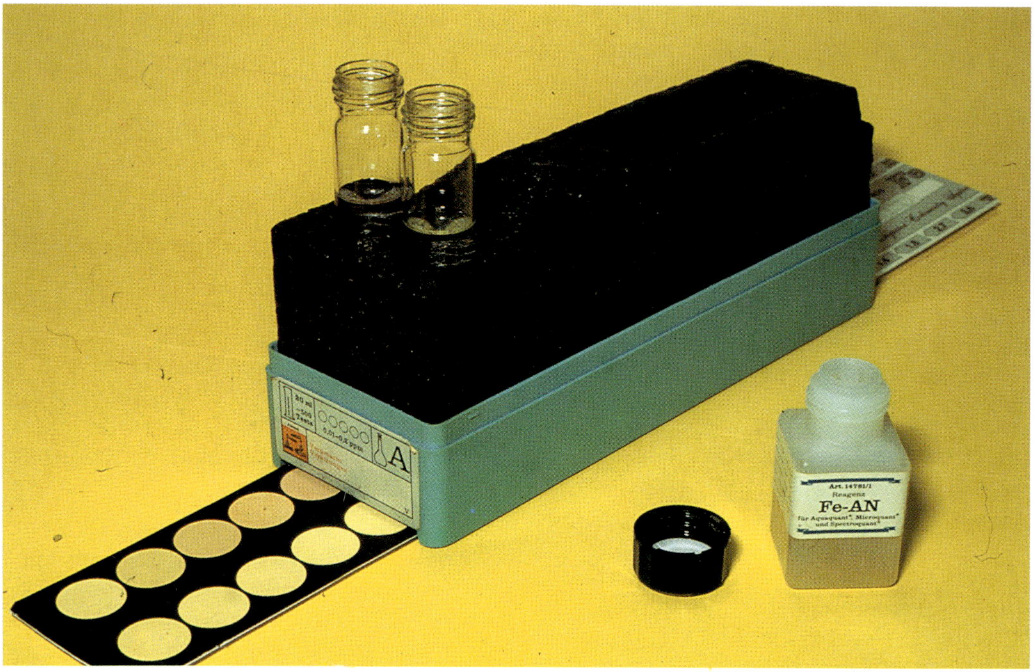

Bild C04.3: Ein professioneller Eisentest mit hoher Auflösung. Auf Grund des Komparator-Verfahrens liefert er auch in gefärbten Wässern, z. B. im Schwarzwasser, verläßliche Ergebnisse.

bonathärte niemals größer sein als die Gesamthärte. Bei den meisten Wässern ist auch tatsächlich die Carbonathärte deutlich geringer als die Gesamthärte; die Ausnahmen werden im Kapitel „KH größer als GH?" erklärt.

Die Bildner der Carbonathärte reagieren alkalisch. Deshalb tendieren Wässer mit höherer Carbonathärte zu höheren pH-Werten. Umgekehrt haben carbonatarme Wässer meist niedrige pH-Werte, weil der Einfluß der Kohlensäure überwiegt.

Die Carbonathärte spielt eine außerordentlich wichtige Rolle im Aquarienwasser. Ist sie ausreichend hoch, kann sie vor gefährlichem Ansteigen des pH-Wertes schützen. Wenn z. B. infolge Entzug der Kohlensäure der pH-Wert ansteigt auf mehr als pH 7-8 (je nach Wasser), so beginnt das Calciumhydrogencarbonat zu zerfallen nach folgender Gleichung:

$$Ca(HCO_3)_2 \rightarrow CaCO_3 + H_2CO_3$$

Das Calciumhydrogencarbonat wird umgewandelt in Kalk ($CaCO_3$); dieser ist wasserunlöslich. Dem Wasser wird also ein Teil der alkalischen Komponente entzogen. Gleichzeitig entsteht Kohlensäure (H_2CO_3), und die saure Komponente nimmt zu! Beide Vorgänge hemmen einen weiteren pH-Anstieg.

Dieser Prozeß läßt sich leicht am Sinken der Carbonathärte verfolgen. Wenn in manchen Aquarien die Carbonathärte „scheinbar von selbst" sinkt, so ist das keineswegs erfreulich, sondern eine deutliche Warnung: Hier fehlt Kohlensäure bzw. -dioxid! Wenn die Carbonathärte dann gesunken ist bis auf Null, ist kein Calciumhydrogencarbonat mehr vorhanden, und weitere Kalkausfällungen finden nicht mehr statt. Besteht dann weiterhin CO_2-Mangel, kann der pH-Wert ungebremst weit über 8 ansteigen!

Die Situation Carbonathärte = Null ist auch dann gegeben, wenn zwar das Meßergebnis KH positiv, aber keine Gesamthärte feststellbar ist. Dann enthält das Wasser zwar Hydrogencarbonate, aber kein Magnesium- oder Calciumhydrogencarbonat! Statt dessen sind andere Hydrogencarbonate vorhanden, z. B. $NaHCO_3$; diese aber fallen bei steigendem pH-Wert nicht als Kalk aus, sondern sie verbleiben im Wasser als alkalische Komponente und lassen den pH-Wert weiter steigen. Siehe auch im Kapitel „KH größer als GH?".

Messung. Die Wasserprobe wird angefärbt mit einem pH-Indikator, der bei pH 4,3 umschlägt. Dann gibt man tropfenweise Salzsäure zu; diese zerstört die (Hydrogen-)Carbonate, und der pH-Wert sinkt langsam. Sobald alle (Hydrogen-)Carbonate zerstört sind, fällt der pH-Wert unter 4,3; das zeigt der Farbindikator an. Die bis dahin verbrauchte Säuremenge ist Maß für die Carbonathärte.

Das Meßergebnis wird je nach Branche verschieden angegeben:

- Im Trinkwasserlabor als Säureverbrauch in Millimol je Liter Wasserprobe. Das Meßergebnis heißt „Säurekapazität bis 4,3 pH (mmol/l)". In der Limnologie (Gewässerkunde) wird dafür auch die Bezeichnung „Säurebindungsvermögen SBV (mmol/l)" benutzt.

- Im Labor für Bade- und Mineralwässer wird der Säureverbrauch in mmol/l multipliziert mit dem Molgewicht des Hydrogencarbonates. Das Ergebnis lautet: „Gehalt an Hydrogencarbonat-Ionen HCO_3^- (mg/l)".

- Im Allgemeingebrauch wird im deutschsprachigen Raum gemessen in „Deutsche Grad (°d KH)".

Umrechnung der Einheiten für die Carbonathärte

		mmol/l	°d	°TAC	mg/l
Säurekapazität	1 mmol/l =	–	2,78	4,94	61,0
Deutsche Grad	1 °d =	0,36	–	1,78	21,8
Französische Grad	1 °TAC =	0,20	0,56	–	12,3
Hydrogencarbonat	1 mg/l =	0,016	0,046	0,08	–

Beispiel: 4 mmol/l = 4 x 2,78 °d = 11,12 °d KH

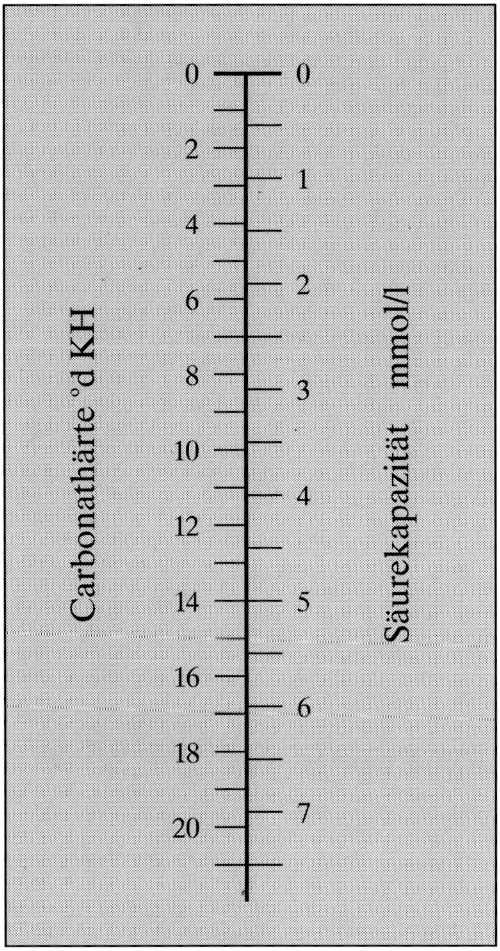

Bild C05.1: Umrechnung von Carbonathärte in Säurekapazität und umgekehrt.

Üblicherweise sind pH-Indikator und Salzsäure vereint zu einer einzigen Tropfreagenz. Wässer über etwa 3 °d lassen sich damit problemlos messen. – Bei Wässern mit geringerer KH gelangt zu wenig pH-Indikator in die Probe, folglich ist kein Farbumschlag erkennbar. Wird mehr Indikator zugesetzt, sind falsche Ergebnisse zu erwarten; denn carbonatarme Wässer sind oft zugleich elektrolytarm, und pH-Farbindikatoren reagieren in elektrolytarmen Wässern prinzipiell fehlerhaft.

Zur Abhilfe nimmt man genau die zehnfache Menge an Wasserprobe und mißt deren pH-Wert mit einem elektrischen(!) pH-Meter. Dann tropft man unter Umschwenken so viel KH-Reagenz dazu, bis der pH-Wert 4,3 unterschritten wird. Der Grenzwert pH 4,3 wird schlagartig durchlaufen; es herrscht stets Klarheit, ob noch ein Tropfen KH-Reagenz fehlt oder nicht. Jeder verbrauchte Reagenztropfen zählt ein Zehntel seines ursprünglichen Nennwertes, meist also 0,1 °d. – Mit diesem Verfahren kann man exakt messen bis herunter auf 0,1 °d KH. So gelingen auch Messungen in den extrem weichen und gefärbten Schwarzwässern der Tropen!

Prüfung. Es werden 0,300 g Natriumhydrogencarbonat ($NaHCO_3$) in 500 ml Wasser gelöst. In dieser Lösung erhält man einen KH-Meßwert von genau 20,0 °d KH.

Grenzwerte. Sie sind abhängig von der Art der gepflegten bzw. gezüchteten Fische und von den aquaristischen Zielvorstellungen. Im allgemeinen gelten Wässer zwischen 3 und 12 °d KH als aquaristisch ideal.

Wässer unter 3 °d KH können tückisch labil sein: Sofern wegen CO_2-Mangel der pH-Wert ansteigt, ist die Pufferwirkung der kleinen Menge an $Ca(HCO_3)_2$ bald aufgebraucht, und der pH-Wert kann gefährlich weit über 8 ansteigen (siehe oben). Andererseits genügen schon relativ geringe CO_2-Mengen, um den pH-

Wert z. B. unter 6 fallen zu lassen. Deshalb muß in Wässern mit geringer KH der pH-Wert häufig kontrolliert werden!

Wässer mit hoher Carbonathärte sind weitaus stabiler gegen Schwankungen des pH-Wertes. Allerdings benötigen sie u.U. einen etwas höheren Gehalt an Kohlendioxid, um Kalkausfällungen zu vermeiden; hierauf wird im Kapitel „Kohlendioxid" eingegangen. Weiterer Nachteil: Bestimmte Fischzuchten erfordern niedrige pH-Werte. Dazu ist oft mehr CO_2 notwendig, als für die Fische zuträglich ist. – Es sei auch an dieser Stelle darauf hingewiesen, daß beim Ansäuern z. B. mit Salz- oder Phosphorsäure die KH-Bildner zerstört werden und dadurch der pH-Wert labil wird; außerdem entsteht ein unnatürliches Ionenspektrum und damit ein biologisch wenig geeignetes Wasser. Es sei dringend davon abgeraten!

Grundsätzlich muß die KH stets im Zusammenhang mit der GH beurteilt werden. Aus dem Ionen-Standardverhältnis läßt sich errechnen, daß die KH typisch bei etwa 80 % der GH liegt. Die meisten Süßwasser-Aquarienbewohner sind an ähnliche Werte angepaßt, das sollte beim Verändern der Wasserzusammensetzung berücksichtigt werden.

Erhöhen. Um in 100 Liter Wasser die KH um 1 °d zu erhöhen, gibt man 3,0 g Natriumhydrogencarbonat ($NaHCO_3$) hinzu. Gleichzeitig steigt der Natriumgehalt um 8,2 mg/l. Auch der pH-Wert steigt an, er kann aber mittels Kohlendioxid (CO_2) wieder gesenkt werden.

Zweckmäßig löst man die notwendige Menge erst in einem Becherglas mit etwas Wasser auf und gibt dann die Lösung unter Umrühren in das Aquarium. Natriumhydrogencarbonat ist in Drogerien und Apotheken billig erhältlich; es wird dort häufig noch als Natriumbicarbonat oder fälschlich als Natron bezeichnet.

Hat die Carbonathärte etwa 80 % des Meßwertes der Gesamthärte erreicht, und ist eine weitere Erhöhung erwünscht, so sollten Carbonat- und Gesamthärte gemeinsam erhöht werden, wie im Kapitel „Gesamthärte" beschrieben.

Es darf höchstens nur so viel $NaHCO_3$ zugegeben werden, bis der KH-Meßwert die Höhe der Gesamthärte GH erreicht. Der Zustand „KH größer GH" (siehe dort) muß vermieden werden! Anderenfalls ergeben sich zwei schwerwiegende Nachteile:

- Die Carbonathärte wird nur scheinbar erhöht. Mangelt es an CO_2, so fällt das $NaHCO_3$ ganz im Gegensatz zum $Ca(HCO_3)_2$ nicht als Carbonat aus, und der pH-Wert kann weit über 8 hinaus ungehindert ansteigen!

- Das Wasser erhält ein ungünstiges Ionenspektrum, denn das Verhältnis Natrium zu Calcium plus Magnesium steigt unnatürlich hoch. Damit wird außerdem das Verhältnis der einwertigen zu zweiwertigen Ionen auf physiologisch ungünstige Werte verschoben.

Senken. Zugabe von vollentsalztem Wasser. Siehe auch unter „Gesamthärte".

6. Gesamthärte GH

Bedeutung. Je nach Herkunft des Wassers kann dessen Gesamthärte verschieden hoch sein. Sehr harte Wässer über 20 °d GH stammen regelmäßig aus Kalk-, Gips- oder Dolomitregionen. Sehr weiche Wässer mit nur 1-2 °d GH findet man z. B. in Gebieten mit Basalt, Granit, Gneis oder Sandstein. Sehr weiche Wässer sogar unter 1 °d findet man oft in den Regenwäldern der Tropen (Latosolböden). Keineswegs aber sind alle tropischen Wässer weich! Auch in den Tropen gibt es Kalkregionen mit entsprechend harten Wässern um 20 °d oder mehr.

Als Gesamthärte bezeichnet man die Summe aller im Wasser gelösten, sogenannten „Erdalkali“-Ionen. Dazu gehören vor allem die Calcium- und Magnesium-Ionen, während Strontium- und Barium-Ionen meist nur spurenweise anwesend sind. In den meisten natürlichen Wässern stellen Calcium und Magnesium den weitaus größten Anteil der Kationen, nämlich etwa 80 %. Die Gesamthärte gibt daher eine recht gute Vorstellung vom gesamten Salzgehalt des Wassers. (Siehe auch unter „Leitfähigkeit“.)

Das Calcium (Ca) ist die Grundsubstanz für die verschiedenen Formen des Kalkes (CaO, $CaCO_3$ usw.). Deshalb ist Calcium unentbehrlich für die Fische zum Aufbau ihres Knochengerüstes. Auch Schnecken und Muscheln benötigen es für ihr Gehäuse. Außerdem spielt das Calcium eine wichtige Rolle bei der Zellwandbildung, der Zellteilung, im Nervensystem, letztlich also im gesamten Organismus. – Pflanzen benötigen nur sehr wenig Calcium. Mangelerscheinungen bei Aquarienpflanzen sind, auch in sehr weichen Wässern, nicht bekannt.

Das Magnesium (Mg) wird von Tieren nur als Spurenelement benötigt; es aktiviert den Zuckerabbau und kann die Erregbarkeit von Nerven und Muskeln beeinflussen. – Für Pflanzen ist Magnesium unentbehrlich. Es aktiviert u.a. den fundamental wichtigen Citronensäurecyclus und bildet das Zentralatom im Chlorophyll, dem lebensnotwendigen Blattgrün. Im Aquarium sind Mangelerscheinungen, auch in sehr weichen Wässern, weder bei Tieren noch Pflanzen bekannt.

Die Bedeutung der Gesamthärte wird in der Aquaristik oft überschätzt. Erfolg oder Nichterfolg hängen meistens von anderen Faktoren ab, wie z. B. vom Gehalt an Sauerstoff, Kohlendioxid, Eisen usw. (siehe unter den einzelnen Stoffen). Beim Umsetzen von Tieren oder Pflanzen in Wässer mit wesentlich abweichender Härte ist jedoch Vorsicht geboten; durch den wechselnden Gesamtsalzgehalt können Schäden auftreten infolge Osmose. Ausführliche Beschreibung im Kapitel „Leitfähigkeit“.

Messung. Einer Wasserprobe wird ein Indikatorfarbstoff zugesetzt (z. B. Eriochromschwarz T), der mit Ca- und Mg-Ionen eine kräftige Farbe bildet (z. B. Rot). Dann tropft man langsam einen Chelator hinzu (z. B. Na-EDTA), der die Ca- und Mg-Ionen aus der Farbstoffverbindung herausreißt und an sich bindet.

Sobald der Indikatorfarbstoff sämtliche Ca- und Mg-Ionen verloren hat, schlägt dessen Farbe um (z. B. nach Grün); die bis dahin verbrauchte Chelatormenge ist Maß für die Gesamthärte.

Als Maßeinheit für die Gesamthärte ist das mmol/l (Millimol pro Liter) gesetzlich vorgeschrieben. Die Einheit °d (Deutsche Grad) ist veraltet. Sie ist jedoch noch sehr gebräuchlich und wird meist besser verstanden, deshalb wird sie auch in diesem Buch noch verwendet. Die Bezeichnung °dH ist sehr veraltet. – Im Ausland sind oft andere Maße gebräuchlich.

Bei der Umrechnung hilft folgende Tabelle:

Umrechnung der Einheiten für die Gesamthärte		mmol/l	°d	°e	°TH	ppm
Erdalkali-Ionen	1 mmol/l =	–	5,60	7,02	10,00	100,0
Deutsche Grad	1 °d =	0,179	–	1,253	1,78	17,8
Englische Grad	1 °e =	0,142	0,798	–	1,43	14,3
Französische Grad	1 °TH =	0,100	0,560	0,702	–	10,0
$CaCO_3$ (z. B. in USA)	1 ppm =	0,010	0,056	0,070	0,10	–
Beispiel: 3 mmol/l = 3 x 5,60 °d = 16,80 °d GH						

Vielfach sind der Indikatorfarbstoff und das eigentliche Meßreagenz (hier der Komplexbildner) in einer einzigen Tropfflasche vereint. Das erleichtert die Handhabung. Die Anzahl der bis zum Farbumschlag verbrauchten Tropfen entspricht üblicherweise der Gesamthärte in °d (Deutsche Grad).

Messungen in Wässern über 3 °d gelingen problemlos. Bei weniger als 3 °d werden nur 1-2 Tropfen benötigt; dabei gelangt jedoch zu wenig Indikator in die Probe, und der Farbumschlag ist nicht erkennbar. Deshalb müssen bei sehr weichen Wässern GH-Reagenzien mit getrenntem Farbindikator benutzt werden (Zwei-Flaschen-Set). Zur Messung nimmt man eine 10-fach große Wasserprobe und gibt so viel Farbindikator hinzu, bis die Probe genügend gefärbt ist. Dann erst wird das eigentliche Reagenz tropfenweise zugegeben, wobei jeder bis zum Farbumschlag zugegebene Reagenztropfen 1/10 °d zählt. So sind Messungen bis herab zu 0,1 °d möglich! - Färbt sich die Probe bereits sofort nach der Zugabe des Farbindikators um, sind mindestens 0,05 °d vorhanden.

Prüfung. Eine Prüflösung mit einer Gesamthärte von 20,0 °d erhält man durch Auflösen von einer der folgenden Substanzen in 500 ml entsalztem Wasser:

0,262 g Calciumchlorid-2-hydrat ($CaCl_2 \cdot 2H_2O$), oder

0,326 g Calciumchlorid-4-hydrat ($CaCl_2 \cdot 4H_2O$), oder

0,390 g Calciumchlorid-6-hydrat ($CaCl_2 \cdot 6H_2O$).

Grenzwerte. Sie sind stark abhängig von den aquaristischen Zielvorstellungen. Weiches bis mittelhartes Wasser zwischen etwa 4 und 14 °d GH ist für Aquarienpflanzen und die Haltung aller gängigen Aquarienfische bestens geeignet, die meisten lassen sich auch darin züchten. Gesamthärten von 20 °d und darüber

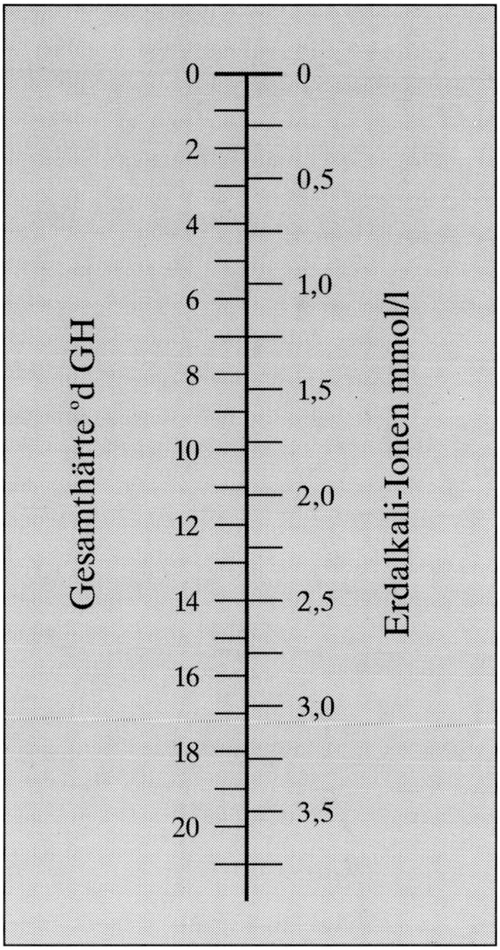

Bild C06.1: Umrechnung von Gesamthärte in Erdalkali-Ionen und umgekehrt.

werden in der Regel problemlos toleriert.

Bei der Zucht aber benötigen nicht wenige Fischarten eine Gesamthärte, die der ihrer Heimatgewässer ähnlich ist. So z. B. ist für die Zucht einiger Cichliden aus dem Tanganjika- und Malawisee Wasser mit etwa 8-14 °d GH erforderlich. Dagegen verlangen manche Fischarten aus Weichwassergebieten, z. B. Diskus oder Neonsalmler, sehr weiches Wasser unter 2 °d GH. Genaugenommen verlangen sie nicht weiches Wasser, wie es z. B. auch im Neutralaustausch herstellbar wäre, sondern Wasser mit geringem Gesamtsalzgehalt (siehe unter „Leitfähigkeit").

Wasserpflanzen gedeihen in härteren Wässern oftmals besser als in weichen. Wuchsprobleme infolge zu geringer Härte sind jedoch nicht bekannt. Allerdings können Pflanzenaquarien unter etwa 2 °d Gesamthärte chemisch instabil werden, weil dann zwangsläufig auch die Carbonathärte sehr gering ist und damit die pH-Pufferkapazität. Beachte: Die Carbonathärte kann nie größer sein als die Gesamthärte. Näheres siehe unter „Carbonathärte" und „KH größer als GH?".

Erhöhen. Um in 100 Liter Wasser die Gesamthärte um 1 °d zu erhöhen, kann man zum Beispiel 3,07 g Calciumsulfat ($CaSO_4 \cdot 2H_2O$) zugeben; gleichzeitig steigt der Sulfatgehalt um 13,6 mg/l. Oder man benutzt 3,26 g Calciumchlorid ($CaCl_2 \cdot 4H_2O$); dabei steigt der Chloridgehalt um 12,8 mg/l.

Soll zugleich mit der Gesamthärte auch die Carbonathärte angehoben werden, so liegt der Gedanke nahe, einfach Calciumhydrogencarbonat ($Ca(HCO_3)_2$) in das Wasser zu geben; aber in Pulverform existiert diese Substanz überhaupt nicht!

Versucht man z. B. durch Eindampfen von kalkhaltigem Wasser das $Ca(HCO_3)_2$ als trockenes Pulver zu gewinnen, so wandelt es sich stets um in nahezu wasserunlöslichen Kalk ($CaCO_3$)! – Es sind folgende Wege gangbar:

Filtern über Kalkgestein. Der Filter wird mit kalkhaltigem Material gefüllt, also z. B. mit Dolomitgestein oder Marmorsplitt. Marmorabfälle erhält man preisgünstig z. B. in Werkstätten für Grabdenkmäler. Das Material wird mit einem Hammer zerkleinert, das dabei anfallende Kalkpulver wird nicht verwendet (siehe unten). Im Filter reagiert der Kalk ($CaCO_3$) mit der Kohlensäure (H_2CO_3) des durchfließenden Wassers nach folgender Gleichung:

$$CaCO_3 + H_2CO_3 \rightarrow Ca(HCO_3)_2.$$

Das entstandene Calciumhydrogencarbonat $Ca(HCO_3)_2$ erhöht gleichermaßen die Gesamthärte (Ca^{2+}-Ionen!) und die Carbonathärte (HCO_3^--Ionen!). Zur Erhöhung um je 1 °d GH und KH in 100 Liter Wasser sind theoretisch erforderlich 1,8 g Kalkgestein, reinstes Material und vollständiges Auflösen vorausgesetzt. Weil beim Lösungsprozeß Kohlensäure verbraucht wird, steigt dabei der pH-Wert; nötigenfalls muß fehlendes CO_2 ergänzt werden. Während der Behandlung sind häufige Kontrollen von GH, KH und CO_2 notwendig. Der Prozeß verläuft recht langsam.

Schnellverfahren. Wesentlich schneller löst sich Kalk in Pulverform, also z. B. „gefälltes" Calciumcarbonat (Chemikalienhandel); dies ist ein durch Fällungsprozesse hergestelltes, extrem feines Kalkpulver. Im Normalfall genügt auch die weitaus billigere Schlämmkreide (Drogerie, Malerbedarf); sie enthält zwar einige Verunreinigungen, aquaristische Probleme sind jedoch bisher nicht bekannt geworden. Zerstoßene Tafelkreide ist nicht geeignet, sie besteht entgegen weit verbreiteter Ansicht nicht aus Kalk, sondern aus Gips.

Kalk in Pulverform darf jedoch nicht direkt in Aquarien mit Fischen gegeben werden. Es wird leicht aufgewirbelt, und die feinen Partikel können starke und u.U. tödliche Kiemenreizungen hervorrufen! – Man fülle einen Eimer mit 3-5 Liter Leitungswasser, gebe je 1 °d und 100 Liter Aquarienwasser etwa 2 g Kalkpulver hinein und leite über einen Ausströmer ausreichend CO_2 hindurch. Es läuft die oben beschriebene Reaktion ab. Nach vollständiger Auflösung hat man 3-5 Liter extrem hartes Wasser gewonnen. Dieses kann nun als Konzentrat dem Aquarienwasser zugesetzt werden. Vorher den pH-Wert kontrollieren und nötigenfalls überschüssiges CO_2 durch kurzes Belüften entfernen!

Das Konzentrat muß nach der Herstellung bald verwendet werden. Bei längerem Stehenlassen wird es trübe, weil sich das CO_2 verflüchtigt und dann der Kalk wieder ausfällt und die Härte dementsprechend sinkt.

Kalkhaltiger Bodengrund. Wenn stets nur zu weiches Wasser zur Verfügung steht und man daher ständig aufhärten muß, kann ein kalkhaltiger Bodengrund vorteilhaft sein. Im Bodengrund befindet sich stets genügend Kohlensäure, die den Kalk nach obiger Gleichung langsam in Lösung bringt; durch den ständigen, allmählichen Wasseraustausch zwischen Bodengrund und freiem Wasserraum wird so das Aquarienwasser mit der Zeit aufgehärtet. Die Gesamthärte muß regelmäßig kontrolliert werden. Übersteigt sie den gewünschten Wert, so kann sie durch teilweisen Wasserwechsel mit dem zu weichen Leitungswasser wieder gesenkt werden.

Kalkhaltigen Bodengrund kann man z. B. folgendermaßen erkennen: Auf eine kleine Bodenprobe wird etwas Salzsäure oder mindestens 6%ige Essigsäure getropft; in Gegenwart von Kalk tritt Schaumbildung auf. Steht kein kalkhaltiger Bodengrund zur Verfügung, kann man ihn durch Beimischen von Marmorsplitt selbst herstellen. Zur Beschaffung von Marmorsplitt siehe Seite 37,

Senken. Das Wasser wird mit vollentsalztem Wasser vermischt bis zum gewünschten Härtegrad. – Vollentsalztes Wasser wird aus gewöhnlichem Leitungswasser hergestellt z. B. durch Umkehrosmose oder mit Ionenaustauschern. Im Neutralaustausch gewonnenes Wasser ist aquaristisch absolut ungeeignet!!!

Auch die Teilentsalzung kann nur beschränkt empfohlen werden. In manchen Fällen hilft Filtern über Torf. Näheres siehe im Teil „Wasseraufbereitung".

7. KH größer als GH ?

In den meisten Wässern ist, gemessen in °d, die Carbonathärte (KH) deutlich niedriger als die Gesamthärte (GH). Die KH liegt durchschnittlich bei etwa 80 % der GH. Die Differenz zwischen der KH und der höheren GH wird manchmal auch als Nichtcarbonathärte (NKH) bezeichnet. Sie wird bewirkt durch z. B. Nitrate, Sulfate oder Chloride. Es gilt also:

Gesamthärte	–	Carbonathärte	=	Nichtcarbonathärte
GH	–	KH	=	NKH

In Ausnahmefällen gibt es Gewässer, in denen höhere Grade an Carbonathärte als an Gesamthärte gemessen werden. Tatsache ist jedoch, daß die Carbonathärte niemals höher sein kann als die Gesamthärte! – Wie ist das zu verstehen? Hierzu ein kurzer Rückblick in die Geschichte der Wasseranalytik:

Der Begriff „Wasserhärte" wurde um 1900 in den Anfängen der Wasserchemie geboren als Maß für den Gehalt an Calcium- und Magnesiumsalzen. Für die vielen Wäschereien war die Wasserhärte enorm wichtig, denn die Härtebildner verbinden sich mit den Fettsäuren der Seife zu unlöslicher, nichtreinigender Kalkseife; hartes Wasser bedeutete hohen Seifenverbrauch! Zur Messung der Wasserhärte tropfte man eine genormte Seifenlösung so lange in die Wasserprobe, bis ein beständiger Schaum entstand. (Dieses Verfahren war auch in der Aquaristik bis etwa 1955 üblich). – Dann fand man heraus, daß ein Teil der Wasserhärte beim Kochen verschwindet. Ursache: Bei Erhitzen wandeln sich Hydrogencarbonate um in Carbonate. Die Carbonate der Erdalkalien, zu denen auch Calcium und Magnesium gehören, sind jedoch wasserunlöslich und fallen als Kesselstein aus. Folglich enthält das Wasser nun weniger Calcium- und Magnesiumsalze!

Beispiel einer Kesselsteinbildung:

$Ca(HCO_3)_2$	—Hitze→	$CaCO_3$	$+ H_2CO_3$
Calcium-hydrogen-carbonat	⟶	Calcium-carbonat	+ Kohlen-säure

Der ausfällbare Teil der gesamten Härte wird „Carbonathärte" genannt. So weit zur Entstehungsgeschichte der Härte-Begriffe.

Es ist wichtig zu wissen, daß die Umwandlung von Hydrogencarbonaten in Carbonate grundsätzlich alle Salze betrifft, daß aber die Carbonate der Erdalkalien nicht wasserlöslich sind. Dagegen sind viele andere Carbonate sehr gut wasserlöslich, z. B. das Natriumcarbonat (Na_2CO_3).

Und nun zu den Messungen: Die GH-Messung erfaßt alle Erdalkali-Ionen, also Barium-, Calcium-, Magnesium- und Strontium-Ionen. – Die KH-Messung dagegen erfaßt die Hydrogencarbonat-Ionen und die gelösten Carbonat-Ionen. Von diesen können aber nur diejenigen Bildner der Carbonathärte sein, die für die Kesselstein-Reaktion einen Erdalkali-Partner vorfinden. Sind zu wenig Partner vorhanden, erhält man als Meßergebnis KH größer als GH !

Ein derartiges Meßergebnis sagt also aus, daß außer Erdalkali-Hydrogencarbonaten (Bildner der Carbonathärte) noch andere Hydrogencarbonate oder Carbonate vorhanden sind. Dies können sein z. B. $NaHCO_3$, Na_2CO_3, K_2CO_3 usw. In solchen Fällen wird gesetzt:

Carbonathärte = Gesamthärte.

Der Überschuß der KH-Messung wird meist, ohne Rücksicht auf die tatsächliche Zusammensetzung, als Gehalt an Natriumhydrogencarbonat angesehen, und zwar entspricht je 1 °d Überschuß einer Menge von 30 mg/l $NaHCO_3$.

Der Berufs-Chemiker benutzt eine elegantere Lösung: Er mißt nach genau demselben Verfahren, nennt aber das Ergebnis „Säurekapazität bis pH 4,3 in Millimol pro Liter (mmol/l)“. Oder er gibt, z. B. bei Mineralwässern, den Gehalt an Hydrogencarbonat-Ionen in mg/l an. Er ignoriert den Begriff „Carbonathärte“ völlig und vermeidet so die damit verbundene Problematik! – Zur Umrechnung dieser Einheiten siehe unter Carbonathärte.

8. Kalium K^+

Bedeutung. Wie das Ionen-Standardverhältnis zeigt, ist Kalium im Wasser das vierthäufigste Kation. Es erfüllt lebenswichtige Aufgaben bei Tieren und Pflanzen.

Bei Tieren beeinflussen Kalium-Ionen die Gewebeatmung, den Kohlenhydrat- und Fettstoffwechsel, die Synthese von Eiweißen sowie die Kontraktionsfähigkeit der Muskeln. Außerdem ist Kalium an der Synthese von Hormonen beteiligt, die das vegetative Nervensystem steuern.

Pflanzen benötigen Kalium als Hauptnährstoff neben Kohlendioxid, Phosphaten und Stickstoffverbindungen. Kalium ist unentbehrlich bei der Photosynthese und Atmung. Es aktiviert außerdem eine Reihe wichtiger Enzyme. Pflanzen können auch geringe Konzentrationen an Kalium verwerten, weil sie es intern erheblich anreichern können. Die Trockenmasse der Pflanzen enthält etwa 1 bis 5 % Kalium.

Wasser enthält üblicherweise etwa 0,5-8 mg/l Kalium. Allerdings können in manchen Seen und Flüssen Konzentrationen von mehreren 10 mg/l K^+ vorkommen, verursacht durch Einspülung von landwirtschaftlichen Düngern.

Im Aquarium mangelt es selten an Kalium. Es ist im Fischfutter enthalten, und über die Ausscheidungen der Fische steht es auch den Pflanzen zur Verfügung. In reinen Pflanzenaquarien dagegen kann Nachdüngen erforderlich sein.

Messung. Im Labor wird die Wasserprobe durch Einkochen stark konzentriert und dann das Kalium in einer Fällungsreaktion mit Natriumtetraphenylborat (Kalignost®) bestimmt. Gut ausgerüstete Labors messen bequemer mittels Flammenphotometrie. Beide Verfahren scheiden jedoch für den Hobbybereich völlig aus!

Einfach zu handhabende Kaliumtests messen erst ab 250 mg/l K^+ und sind damit zu unempfindlich. Das bedeutet: Es gibt bisher keine für den aquaristischen Gebrauch geeignete Verfahren! In besonderen Ausnahmefällen bitte man das örtliche Trinkwasserlabor um Hilfe.

Prüfung. Entfällt.

Grenzwerte. In der Trinkwasserverordnung der BRD wurde bisher kein Grenzwert festgelegt; die Europäische Gemeinschaft (EG) empfiehlt als Höchstwert 12 mg/l Kalium.

Aquaristische Erfahrungen liegen kaum vor. Im Interesse der Aquarienpflanzen sollten zumindest Spuren an Kalium nachweisbar sein. – Für Fische gibt es keinen unteren Grenzwert, denn sie dekken ihren Kaliumbedarf vor allem aus dem Futter. Sehr hohe Konzentrationen (ab 100 mg/l ?) können fischgiftig sein.

Erhöhen. Viele Volldünger für Aquarienpflanzen enthalten Kalium. Die Dosierung nach Angaben der Hersteller ergibt meist Werte um etwa 5 mg/l Kalium.

Für die Einzeldüngung ist z. B. eine 3M-KCl-Lösung geeignet, wie sie zum Lagern von pH-Elektroden benutzt wird und deshalb oft vorrätig ist. 2 ml einer 3M-KCl-Lösung düngen 100 l Wasser mit etwa 2,5 mg/l Kalium; zugleich gelangt etwa die gleiche Menge an Chlorid-Ionen in das Wasser.

Oder man bittet eine Apotheke/Drogerie um Anfertigung einer Lösung von 18 Gramm Pottasche (Kaliumcarbonat K_2CO_3) in 100 ml Wasser. 2 ml dieser Lösung düngen 100 l Wasser mit etwa 2,0 mg/l Kalium; zugleich nimmt die Carbonathärte zu um etwa 0,15 °d.

Bei der Dosierung ist eine Plastikspritze mit Skala aus der Apotheke sehr hilfreich.

Senken. Nicht erforderlich.

9. Kohlendioxid CO_2

Bedeutung. Kohlendioxid ist ein farb- und geruchloses Gas. In der Atmosphäre sind etwa 0,033 Vol.-% CO_2 enthalten. Kohlendioxid ist nicht giftig. Das beweist z. B. die Tatsache, daß wir CO_2-haltige Getränke unbeschadet trinken können, oder daß das Blut in unseren Venen etwa 50 bis 60 Vol.-% CO_2 enthält. Wenn aber unsere Atemluft extrem viel CO_2 enthält, so kann infolge Verdrängung die Sauerstoffaufnahme lebensgefährlich behindert werden; der Mensch erstickt, wenn die Luft etwa das 300-fache der normalen CO_2-Menge enthält. Sinngemäß gilt das gleiche auch für den Lebensraum Wasser und seine Bewohner.

Kohlendioxid wiegt 1,53mal schwerer als Luft, es kann daher eine Bodenschicht bilden. Wenn im Aquarium der Wasserspiegel mehrere cm unter den Beckenrand gesunken ist, ruht auf der Wasseroberfläche häufig eine kompakte CO_2-Schicht, die nicht abfließen kann. Darin können unter Umständen luftatmende Fische, z. B. Labyrinther, ersticken. Typisches Warnzeichen: Luftatmende Fische schwimmen in Panikanfällen schußartig durch das Becken. Zur Abhilfe Wasser auffüllen bis dicht unter den Beckenrand oder die Wasseroberfläche mittels Luftpumpe anblasen.

Kohlendioxid kann sich leicht im Wasser lösen. Leitet man normale Luft mit 0,033 Vol.-% CO_2 durch das Wasser, so stellt sich darin bei 20 °C ein CO_2-Gehalt von etwa 0,5 mg/l ein. Wird nicht Luft, sondern reines Kohlendioxid benutzt, dann steigt der CO_2-Gehalt im Wasser wesentlich höher; so arbeiten prinzipiell die CO_2-Düngegeräte.

Das meiste Kohlendioxid im Wasser bleibt als Gas gelöst. Ein kleiner Teil von etwa 0,1 % reagiert chemisch mit dem Wasser und bildet Kohlensäure H_2CO_3 nach folgender Gleichung:

CO_2	+	H_2O	→	H_2CO_3
Kohlendioxid	+	Wasser	→	Kohlensäure

Die Kohlensäure senkt den pH-Wert des Wassers. Sie ist wasserchemisch die wichtigste Säure im Aquarium. Kohlensäure reagiert z. B. mit Kalk $CaCO_3$, wobei Calciumhydrogencarbonat $Ca(HCO_3)_2$ entsteht. Dieses ist, neben dem Magnesiumhydrogencarbonat $Mg(HCO_3)_2$, der wichtigste Bildner der Carbonathärte:

H_2CO_3	+	$CaCO_3$	⟷	$Ca(HCO_3)_2$
Kohlensäure	+	Kalk	⟷	Calciumhydrogencarbonat

Der Doppelpfeil in der Gleichung bedeutet, daß der Prozeß auch umgekehrt von rechts nach links ablaufen kann. Das passiert z. B. bei Kohlensäuremangel. Dann zerfällt ein Teil des Calciumhydrogencarbonat in Kohlensäure und unlöslichen Kalk; dementsprechend sinkt die Carbonathärte. Solche Prozesse müssen im Interesse der Aquarienpflanzen unbedingt vermieden werden (Bild C09.1 Seite 42)!

Je höher die Carbonathärte, desto mehr Kohlensäure ist erforderlich, um Kalkausfällungen zu verhindern. Die jeweils dazu notwendige Mindestmenge wird als Gleichgewichtskohlensäure bezeichnet. Darüber hinausgehende Mengen werden oft als überschüssige oder aggressive Kohlensäure bezeichnet; „aggressiv" ist technisch gemeint hinsichtlich Korrosion im Wasserrohrnetz, nicht in Bezug auf Fische oder Pflanzen!

Unsinnigerweise werden in diesem Zusammenhang häufig Gleichgewichts-Tabellen erwähnt; sie sind aquaristisch absolut wertlos! Sämtliche Tabellen wurden mit sauberstem Wasser im Trinkwasserlabor ermittelt. Sie haben dort ihre Gültigkeit, und zwar n u r d o r t ! ! ! – Im Aquarium herrschen völlig andere Bedingungen! Messungen bestätigen immer wieder, daß im Aquarium – wahrscheinlich bedingt durch organische Inhaltsstoffe – überraschend wenig CO_2 genügt, um Kalkausfällungen zu verhindern, daß also die Resultate vom Trinkwasserlabor auf die Aquarienpraxis n i c h t a n w e n d b a r sind! Trotzdem werden aus Unkenntnis diese Gleichgewichts-Tabel-

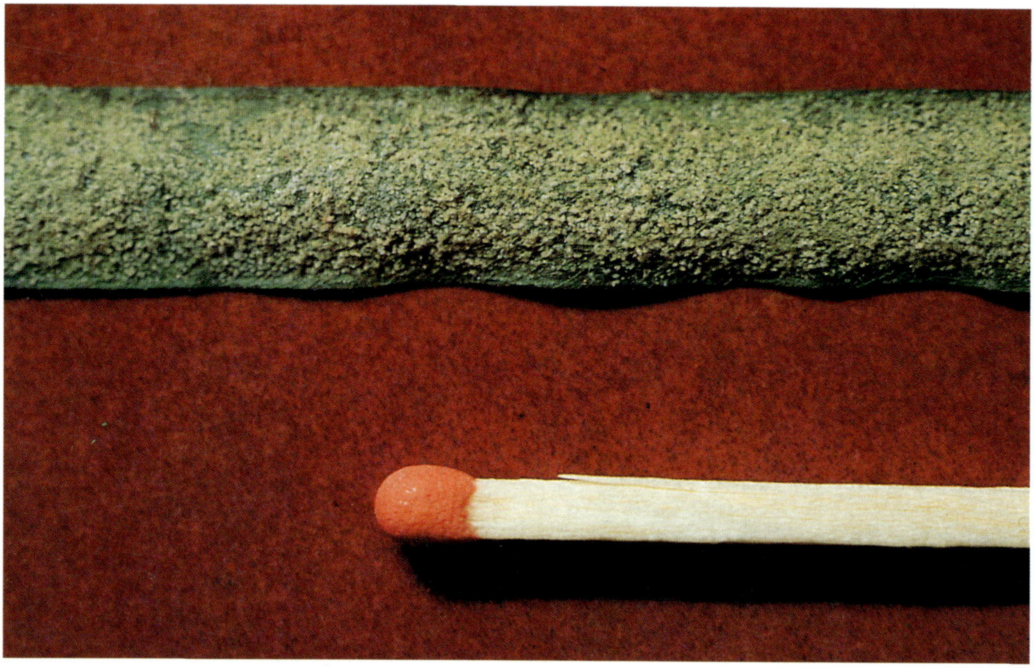

Bild C09.1: Kalkablagerungen auf dem Blatt einer Vallisnerie, verursacht durch CO_2-Mangel. Solche Prozesse müssen im Interesse der Aquarienpflanzen unbedingt vermieden werden!

len immer wieder in der Aquarienliteratur zitiert. Unglücklicherweise!

Ebenso falsch ist die verbreitete Ansicht, daß die Düngewirkung des CO_2 auf Wasserpflanzen abhängig sei von der Carbonathärte, weil ein Teil des CO_2 als Gleichgewichts-CO_2 dient und daher unzugänglich sei! – Tatsache ist: Pflanzen nehmen entsprechend ihrem Bedarf jederart von CO_2 auf! Sie können es dem Wasser sogar restlos entziehen und dadurch Kalkausfällungen hervorrufen (Bild C09.1). Ein Prozeß, der durch Bereitstellung von genügend CO_2 unbedingt vermieden werden muß!

Kohlendioxidquellen. Fast alle Sauerstoffverbraucher im Aquarium sind zugleich Kohlendioxidquellen. So wird z. B. bei der Atmung der Tiere und Pflanzen CO_2 freigesetzt. Fische produzieren je nach Art, Größe, Temperatur usw. ungefähr 15 bis 40 mg CO_2 täglich je 1 g Lebendgewicht.

Auch Pflanzen atmen fortwährend und produzieren Kohlendioxid. Tagsüber wird dieser Prozeß weitgehend überdeckt durch die Sauerstoffproduktion infolge Photosynthese. Die tägliche CO_2-Produktion der Pflanzen liegt grob genähert bei 5 mg CO_2 je dm^2 Blattgröße.

Große Mengen an CO_2 entstehen bei den oxidativen Reinigungsprozessen, wie sie im gesamten Aquarium und konzentriert

Kohlendioxidgehalt in mg/l (gerundet), errechnet aus Carbonathärte und pH-Wert								
	pH-Wert							
°d KH	6,4	6,6	6,8	7,0	7,2	7,4	7,6	7,8
2	25	16	10	7	4	3	2	1
4	50	32	20	13	8	5	3	2
6	75	50	30	20	12	8	5	3
8	100	65	40	25	16	10	6	4
10	130	80	50	32	20	13	8	5
12	150	100	60	40	24	15	10	6
14	180	115	70	45	28	18	11	7
16	200	130	80	50	32	20	12	8
18	230	145	90	58	36	23	14	9
20	250	160	100	65	40	25	16	10
Beispiel: Es werden gemessen 8 °d KH und 6,8 pH. Das Wasser enthält dann etwa 40 mg/l CO_2.								

Bild C09.2: CO_2-FIX (nach KRAUSE), Herstellung der CO_2-Standards. Bei j e d e m Wasser anwendbar! Zwei Wasserproben werden mit einem pH-Indikator eingefärbt. Die linke Probe enthält nach Belüftung 0,5 mg/l CO_2, die rechte Probe nach Beatmung 60 mg/l CO_2.

im Filter stattfinden. So werden z. B. bei der Aufarbeitung von 1 cm^3 Trockenfutter (ca. 0,25 g) etwa 700 mg CO_2 produziert! Auch im Bodengrund eines jeden Aquariums werden durch Bakterientätigkeit ständig große CO_2-Mengen erzeugt; der CO_2-Gehalt des Bodenwassers liegt regelmäßig bei einigen 100 mg/l.

Kohlendioxidverbraucher. Hauptkonsument sind die Aquarienpflanzen. Für sie ist Kohlendioxid der wichtigste Nährstoff überhaupt, denn rund die Hälfte der pflanzlichen Trockenmasse besteht aus Kohlenstoff! Pflanzen synthetisieren unter Aufnahme von Kohlendioxid und Licht als Energiequelle hochwertige organische Substanzen und scheiden Sauerstoff aus. Der CO_2-Verbrauch der Pflanzen hängt stark ab vom Angebot der übrigen Nährstoffe sowie von Lichtmenge und Temperatur; in ganz grober Näherung beträgt der Verbrauch etwa 15 mg CO_2 je dm^2 Blattgröße während 12stündiger Beleuchtung. Pflanzen nehmen einen erheblichen Teil des benötigten CO_2 auch über die Wurzeln aus dem Bodengrund auf und transportieren es zu den Zentren der Photosynthese.

Des weiteren wird im Aquarium Kohlendioxid „verbraucht“ durch CO_2-Abgabe an die Luft. Bei stark bewegter Wasseroberfläche kann so viel CO_2 verlorengehen, daß der Gehalt rasch auf etwa 0,5 mg/l absinkt; dieser Wert entspricht dem Gasgleichgewicht mit der Luft.

In gut bepflanzten Aquarien wird regelmäßig mehr CO_2 verbraucht als die Fische und übrigen Produzenten liefern. Deshalb muß oft zusätzlich mit CO_2 gedüngt werden, um den Bedarf der Wasserpflanzen sicherzustellen. Einige Pflanzen, z. B. Elodea und Myriophyllum, können bei CO_2-Mangel ersatzweise auch Hydrogencarbonat-Ionen (HCO_3^-) assimilieren, jedoch müssen sie die HCO_3-Ionen vor der Verwertung erst aufspalten in CO_2 und OH-Ionen. Dieser Prozeß zehrt erheblich am Energiehaushalt der Pflanzen. Außerdem kann durch die Freisetzung von OH-Ionen der pH-Wert im Wasser bis 11 ansteigen. Das muß durch ein ausreichendes CO_2-Angebot unbedingt vermieden werden!

Messung. Der CO_2-Gehalt schwankt im Tagesrhythmus. Deshalb sollte zusammen mit jedem CO_2-Meßergebnis auch die Uhrzeit notiert werden, denn es ist biologisch ein wesentlicher Unterschied, ob z. B. 35 mg/l CO_2 am Morgen oder Abend gemessen werden! – Es sind mehrere Meßverfahren aquaristisch geeignet:

Berechnung. Der Gehalt an Kohlendioxid bzw. -säure und die Carbonathärte prägen gemeinsam den pH-Wert. Sind pH-Wert und °d KH bekannt, kann mit ausreichender Genauigkeit der Gehalt an Kohlendioxid errechnet werden. Das gilt nicht, wenn das Wasser noch andere pH-aktive Stoffe enthält, z. B. Torfextrakte oder „pH-Plus/Minus“-Präparate. Die Tabelle auf Seite 43 gibt die wichtigsten Werte an. Ausführlicher ist die „Rechentafel KH-CO_2-pH“ (Seite 107).

CO_2-FIX (nach KRAUSE). In der Aquarienpraxis muß keineswegs der CO_2-Gehalt genau bekannt sein; es genügt zu wissen „zu wenig – richtig – zu viel“. Das gelingt leicht mit einer pH-Messung, und zwar ohne Kenntnis der Carbonathärte und bei j e d e m Wasser, auch bei Torffilterung! Einmalig müssen zuvor zwei individuelle pH-Standards für das betreffende Wasser ermittelt und notiert werden. Hierzu entnimmt man dem Aquarium eine Wasserprobe und gibt einen aquaristisch üblichen pH-Indikator nach Vorschrift hinzu. Das Weitere zeigt Bild C09.2 auf Seite 43:

1. In die Wasserprobe wird mittels Strohhalm Atemluft hineingeblasen. Dadurch reichert sich die Probe an mit CO_2. Der pH-Wert sinkt folglich und bleibt schließlich stehen. Diesen pH-Wert merken wir uns. Er bedeutet: 60 mg/l CO_2.

2. Anschließend wird die gleiche Wasserprobe mit einer Luftpumpe belüftet, um das CO_2 aus dem Wasser zu treiben. Der pH-Wert steigt dabei und bleibt schließlich stehen. Diesen pH-Wert merken wir uns ebenfalls. Er bedeutet: 0,5 mg/l CO_2.

Künftig genügt eine einzige pH-Messung am Aquarium! Der pH-Wert sollte liegen zwischen dem 60 mg/l-Standard und der Mitte zwischen beiden Standards. Dann enthält das Wasser zwischen 60 und 6 mg/l CO_2.

Zur Erklärung: Bekanntlich bedeutet jede pH-Stufe Faktor 10. Die Standards enthalten 60 bzw. 0,5 mg/l CO_2, sie unterscheiden sich also rund um den Faktor 100. Deshalb liegen üblicherweise die pH-Standards um 2 × 10, also 2 pH-Stufen auseinander.

Zur laufenden Kontrolle benutzt man vorteilhaft einen pH-Dauer-Indikator, er gibt auf einen Blick sofort Auskunft über den CO_2-Gehalt:
„zu wenig – richtig – zu viel"!

Chemisch. In eine Wasserprobe gibt man einige Tropfen Phenolphthalein als pH-Indikator (pH 8,3). Dann wird tropfenweise so viel Natronlauge zugegeben, bis die Kohlensäure restlos neutralisiert ist und eine schwachrosa Färbung des Indikators bestehen bleibt. Der Verbrauch an Natronlauge entspricht dem Gehalt an Kohlendioxid im Wasser.

$$H_2CO_3 + 2\ NaOH \rightarrow Na_2CO_3 + 2\ H_2O$$

An dieser Reaktion nimmt nur die Kohlensäure H_2CO_3 teil und nicht das Kohlendioxid CO_2. Doch mit sinkendem Gehalt bildet sich sofort neue Kohlensäure aus dem gelösten CO_2, solange der Vorrat im Wasser reicht (siehe Gleichung am Kapitelanfang). Damit wird letztlich das gesamte Kohlendioxid (CO_2) gemessen!

Die Messung ist nur verläßlich, wenn außer Kohlensäure keine weiteren Säuren zugegen sind. Fehler entstehen z. B. beim „Altwasser", weil es störende Säuren aus dem Stoffwechsel enthalten kann, oder bei Torffilterung, weil auch die Huminsäuren fälschlich mitgemessen werden. Als Ausweg habe ich bereits 1974 empfohlen: Man nehme eine zweite Wasserprobe und belüfte sie vor dem Messen mit einer (Hand-)Luftpumpe, um das Kohlendioxid auszutreiben; jetzt erfaßt die Messung nur die nichtflüchtigen Säuren. Die Differenz der beiden Messungen entspricht dem Gehalt an Kohlendioxid!

CO_2-Tests bestehen üblicherweise aus zwei Tropfflaschen (Indikator und Lauge). Die Lauge verdirbt leicht, weil sie das CO_2 aus der Luft aufnimmt. Verdorbene Reagenzien täuschen viel mehr CO_2 vor, als tatsächlich vorhanden ist.

Diskusfische, die Ansätze von roter Färbung zeigen, sind nach wie vor sehr gesucht bei Liebhabern.

Von links ergießt sich das Weißwasser des Rio Iguacú in den Rio Paraná (Brasilien). Die verschiedenfarbigen Wassermassen mischen sich nur sehr zögernd; ihre scharfe Trennungslinie ist noch auf viele Kilometer Länge klar zu sehen.

Yanomami Indianer im Urwald Amazoniens. Dieser Stamm lebt hier am fischreichen Rio Demini, der etwa 400 Flußkilometer weiter südlich in den relativ fischarmen Rio Negro mündet.

Häufige Prüfungen sind unbedingt erforderlich!

Prüfung. Die vom Menschen ausgeatmete Luft enthält ziemlich genau 4 Vol.-% CO_2. In eine Wasserprobe werden einige Tropfen eines pH-Indikators gegeben (Bereich um pH 6-7). Dann bläst man mit einem Strohhalm so lange Atemluft hinein, bis die Wasserprobe maximal mit Atem-CO_2 angereichert ist, bis also der Indikator seine Farbe nicht mehr ändert. Die Prüflösung enthält jetzt ziemlich genau 60 mg/l CO_2. Sie muß sofort verwendet werden. Siehe auch Bild C09.2 auf Seite 43.

Grenzwerte. Etwa 10 mg/l CO_2 sollten im Interesse der Aquarienpflanzen nicht unterschritten werden. In Wässern über 8 °d Carbonathärte kann mehr CO_2 notwendig sein, um Kalkausfällungen zu vermeiden. Diesbezogene, sogenannte Gleichgewichtstabellen sind aquaristisch ausnahmslos unbrauchbar, siehe Kapitelanfang.

Etwa 60 mg/l CO_2 sollten im Interesse der Aquarienfische nicht überschritten werden. Den meisten Aquarienfischen sind derartige Werte in ihren Heimatbiotopen nicht fremd, d. h. sie sind daran adaptiert. Versuche ergaben, daß aquarienübliche Fischarten auch bei weit über 100 mg/l CO_2 keinerlei Anzeichen von Unwohlsein zeigen (Guppys sogar über 800 mg/l), sofern genügend Sauerstoff vorhanden ist. Doch sollte man unnatürlich extreme Werte vermeiden.

Erhöhen. Der CO_2-Gehalt im Wasser läßt sich leicht durch Zugabe von CO_2-Gas erhöhen. Der Zoohandel bietet verschiedene CO_2-Düngegeräte an. Diese sollten mindestens einen Monat lang, also auch während des Urlaubs, wartungsfrei arbeiten können. Für die Dimensionierung gilt die Faustregel: Ein 100-l-Aquarium mit durchschnittlicher Bepflanzung und Wasserbewegung benötigt täglich ungefähr 1 Gramm CO_2-Düngung.

Während der ersten Betriebszeit, aber auch nach Änderungen an Filter oder Wasserumwälzung, muß der CO_2-Gehalt besonders häufig überwacht werden.

Senken. Selten erforderlich. Nötigenfalls mit einer Kreiselpumpe die Wasseroberfläche kräftig bewegen; der CO_2-Gehalt sinkt schnell bis auf etwa 0,5 mg/l.

10. Kupfer Cu^{2+}

Bedeutung. Das Halbedelmetall Kupfer kann im Wasser als Ion gelöst sein, und zwar vorwiegend in zweiwertiger, seltener in einwertiger Form. In natürlichen Wässern kommt es kaum vor. Dagegen kann Leitungswasser erhebliche Mengen an Kupfer enthalten, weil es aus Kupferrohrnetzen herausgelöst wurde, in denen sich keine schützende Kalkschicht gebildet hat. Insbesondere heißes Wasser, das über Nacht in Boilern mit Kupferleitungen gestanden hat, kann mehrere mg/l Kupfer enthalten. Ab etwa 3 mg/l Kupfer bekommt das Wasser einen metallischen, bitteren Nachgeschmack; ab 5 mg/l ist es ungenießbar.
Die meisten Tiere und Pflanzen benötigen Kupfer in geringen Spuren zum Auf-

bau lebenswichtiger Enzyme. Der Mensch z. B. nimmt täglich etwa 0,01 mg Kupfer pro kg Körpergewicht auf. Einige Tiere (z. B. Krebse, Tintenfische) benötigen etwas mehr Kupfer, denn in ihrem Blut dient als Sauerstoffträger nicht das übliche, eisenhaltige Hämoglobin, sondern kupferhaltiges Hämocyanin. – Pflanzen benötigen Kupferspuren in verschiedenen Teilprozessen der Photosynthese, insbesondere beim Aufbau von Enzymen zur Reduktion des Sauerstoffes.

Kupfer ist zwar lebensnotwendig, doch in höherer Konzentration wirkt es auf alle Organismen stark giftig, vor allem auf Kleinlebewesen (Wirbellose, Algen, Bakterien usw.).

In der Aquaristik wird Kupfer gelegentlich bei der Bekämpfung von Hautparasiten verwendet. So empfichlt zum Beispiel SCHUBERT (1981) gegen Oodinium ein Heilbad mit 1,5 mg/l Kupfersulfat ($CuSO_4 \cdot 5H_2O$), entsprechend 0,38 mg/l Cu^{2+}. Für Kurzbäder werden sogar Konzentrationen bis zu 100 mg/l Kupfersulfat verwendet. Dabei ist jedoch größte Vorsicht geboten, weil sehr leicht die Grenze zur Giftigkeit überschritten wird.

Es ist schwierig, im Aquarium eine therapeutisch gewünschte Konzentration an Kupfer über längere Zeit aufrecht zu erhalten. Kupfer fällt leicht aus als Kupfercarbonat, oder es wird häufig von organischen Verbindungen als Chelat gebunden. Dadurch wird es unwirksam und ist im Wasser kaum noch nachweisbar. Nachdosieren ist gefährlich, denn das Kupfer kann durch unerwartete Zwischenfälle wieder aktiviert werden, zum Beispiel wenn Kupferchelate im Filter durch Bakterien zerstört werden und dadurch das Kupfer wieder freigesetzt wird.

Deshalb sollten alle Kupferbehandlungen niemals im Aquarium selbst, sondern stets in gesonderten Becken durchgeführt werden.

Kupferbehandlungen dürfen nicht durchgeführt werden in Gegenwart von Wasserstoffperoxid. Das Kupfer fällt sogleich aus, wobei gleichzeitig Säuren freigesetzt werden. Zum Beispiel:

$$CuSO_4 + H_2O_2 \rightarrow CuO_2 \text{ (fällt aus)} + H_2SO_4.$$

Sehr umfassende und interessante Informationen über die vielfältige Rolle des Kupfers, insbesondere beim Meerwasser, gibt HERING (1973).

Messung. Es sind mehrere Verfahren gebräuchlich. So kann z. B. Cu^{2+} reduziert werden zu Cu^+ und dann mit 2,2-Bichinolin einen purpurroten Komplex ergeben. Oder das Kupfer wird in eine Diaminkuprat-Verbindung übergeführt, die mit Cuprizon zu einem königsblauen Farbkomplex reagiert.

Der Meßbereich der meisten Kupfertests beginnt erst ab 0,1 mg/l. Das ist für aquaristische Zwecke zu unempfindlich!

Die Nachweisempfindlichkeit der meisten Kupfertests läßt sich folgendermaßen verbessern: Die üblichen Prüfgefäße sind für etwa 1,5 cm Schichthöhe der Probe ausgelegt; man nehme statt dessen ein schlankes Reagenzglas, das eine Schichthöhe von 15-20 cm erlaubt. Die Probenmenge ist nun größer, und es müssen entsprechend mehr Reagenztropfen zu gesetzt werden. Nach Umschwenken blickt man von oben in das Glas hinein auf eine weiße Unterlage. Zum besseren Vergleich wird ein gleichartiges Glas ohne Reagenzienzusatz danebengehalten. Durch die 15-20 cm hohe Wasserschicht lassen sich nun bereits geringe Farbreaktionen erkennen und damit noch etwa 0,01 mg/l Kupfer nachweisen.

Ein besonders einfacher Nachweis gelingt mit Natriumdiethyldithiocarbaminat (Laborfachhandel). Leider aber verdirbt dieses Reagenz leicht und muß bei 0-6 °C gelagert werden. Von dem Reagenz werden 10 mg (etwa das Volumen eines Zündholzkopfes) in 20 ml Wasserprobe gelöst. Der pH-Wert muß zwischen 7,5 und 8,5 liegen, also vorher das CO_2 austreiben. In Anwesenheit von Kupfer färbt sich die Probe gelb. Bei 15-20 cm Schichthöhe können noch etwa 0,02 mg/l Cu^{2+} erkannt werden.

Prüfung. Es werden 0,393 g Kupfersulfat ($CuSO_4 \cdot 5H_2O$) in 500 ml Wasser gelöst. Nach Verdünnung 1:200 erhält man eine Prüflösung mit 1,0 mg/l Cu^{2+}-Ionen.

Grenzwerte. Die Verträglichkeitsgrenzen liegen nicht eindeutig fest, sondern sind abhängig von der Dauer der Einwirkung und von der übrigen Wasserzusammensetzung; deshalb streuen die Literaturangaben stark. So wird z. B. in hartem Wasser das gelöste Kupfer sehr bald als $CuCO_3$ ausgefällt und damit dem Wasser entzogen. Auch wirken manche organischen Verbindungen als Chelator und nehmen dem Kupfer weitgehend seine Giftwirkung; andererseits aber kann die Giftigkeit z. B. in Gegenwart von Cadmiumspuren auf das Fünffache gesteigert werden.

Bei Dauereinwirkung muß ab 0,2-0,5 mg/l Cu^{2+} mit Todesfällen bei Fischen gerechnet werden. Schädigungen sind zu erwarten ab

0,03 mg/l bei Algen, Bakterien (Filter!),
0,08 mg/l bei Höheren Wasserpflanzen,
0,10 mg/l bei Fischen.

Insbesondere bei weichem Wasser gelten daher bereits 0,03 mg/l Kupfer als bedenklich und erfordern Gegenmaßnahmen.

Erhöhen. Nur bei der Behandlung von Krankheiten notwendig; Dosierung nach Angaben des Präparateherstellers. – In der normalen Aquarienpraxis ist keine Kupferzugabe erforderlich; für die Versorgung als Spurenelement gelangen genügende Mengen durch das Fischfutter hinein.

Senken. Die Giftwirkung von Kupfer kann durch Zusatz eines Chelators, z. B. EDTA, oder durch Filterung über Torf erheblich gemildert werden. Sicherer und schneller wirkt ein (Teil-)Wasserwechsel. Dabei muß darauf geachtet werden, daß das frische Leitungswasser nicht bereits Kupfer enthält. Nötigenfalls so lange aus der Leitung ablaufen lassen, bis kein Kupfer mehr nachweisbar ist.

Literatur

HERING, W. (1973): Wunderwelt der Meeresalgen XXXVI, XXXVII und XXXVIII. DATZ 26, Seite 103-105, 212-215, 284-286. Kernen-Verlag, Stuttgart.

SCHUBERT, G.(1981): Krankheiten der Fische. Franckh-Verlag, Stuttgart.

11. Leitfähigkeit

Bedeutung. Ionen tragen eine elektrische Ladung und ermöglichen deshalb einen Stromfluß im Wasser. Je mehr Ionen zugegen sind, desto besser wird der Strom geleitet. Wesentlichen Einfluß hat außerdem die Beweglichkeit der Ionen; sie hängt ab von Ladung und Durchmesser der Ionen sowie von der inneren Reibung im Wasser.

Die elektrische Leitfähigkeit ist ein Summenmerkmal. Bestimmungen von Art und Menge der Ionen bzw. gelösten Salze sind nicht möglich. Weil aber die Süßwässer weitgehend gleichartig zusammengesetzt sind (Ionen-Standardverhältnis!), erlaubt die elektrische Leitfähigkeit Rückschlüsse auf den Gesamtsalzgehalt des Wassers.

In den meisten Wässern wird die Leitfähigkeit hauptsächlich verursacht durch die Salze der Härtebildner. Als grober Richtwert ergibt sich je 1 °d Gesamthärte eine Leitfähigkeit von 33 μS/cm. Dieser Richtwert gilt zwar nur für Wässer mit durchschnittlicher Zusammensetzung (siehe auch Ionen-Standardverhältnis), doch sind damit in der Praxis recht gute Abschätzungen möglich. Werden z. B. in einem Wasser von 10 °d GH nicht ungefähr 330 μS/cm, sondern 420 μS/cm gemessen, dann sind neben den Calcium- und Magnesiumsalzen noch sehr wesentliche Mengen anderer Salze enthalten. Das können z. B. Natriumsalze oder Kaliumsalze sein.

Die Leitfähigkeit hat eine besondere aquaristische Bedeutung bei der Zucht empfindlicher Fische und beim Umsetzen von Pflanzen und Tieren in bzw. aus verschiedenen Wässern. Die Leitfähigkeit, oder genauer der Gesamtsalzgehalt, bestimmt wesentlich den osmotischen Druck des Wassers.

Unter Osmose versteht man die Wanderung von Wassermolekülen durch eine halbdurchlässige Trennwand, deren Poren zu eng sind, um auch die größeren Moleküle oder Ionen anderer Stoffe hindurchzulassen. Die Wanderung beginnt, sobald die an die Trennwand angrenzenden Lösungen unterschiedlich konzentriert sind; dabei versucht das Wasser, das Konzentrationsgefälle auszugleichen, es wandert also vom dünneren Medium zum konzentrierten hinüber. Wegen der damit verbundenen Volumenänderung kann ein erheblicher „osmotischer Druck“ aufgebaut werden. Osmotische Vorgänge sind in der Biologie allgegenwärtig: Sie lassen den gesalzenen Rettich „weinen“, reife Kirschen im Regen aufplatzen, bringen gezuckerte Erdbeeren zum Saften, erzeugen nach dem Genuß von Salzheringen Durst usw.

Die Osmose bzw. das osmotische Druckgefälle zwischen Zelle und Umgebung ist verantwortlich für Schrumpf- und Quellprozesse der Zellen. Wenn der osmotische Druck der Umgebung sich nur allmählich ändert, können die meisten Zellen höherer Tiere und Pflanzen schadlos folgen und sich anpassen. Ei- und Spermazellen vermögen es oft nicht, weshalb die Zucht vieler Fische aus Weichwasserregionen in hartem Wasser erfolglos bleibt.

Beim Umsetzen von Fischen oder Pflanzen müssen Änderungen des osmotischen Druckes beachtet werden. Weil der osmotische Druck des Aquarienwassers vor allem vom Salzgehalt geprägt wird (der Gehalt an organischen Substanzen ist meist relativ gering), gibt die Messung der Leitfähigkeit eine entscheidende Hilfe! Fische und Pflanzen vertragen einen Wechsel von niedriger zu höherer Leitfähigkeit oft schadlos. Umgekehrt aber treten leicht Schäden auf durch Aufquellen der Zellen. So zeigt die Praxis immer wieder, daß z. B. empfindliche Pflanzen regelmäßig zusammenbrechen, wenn sie von höherer zu niedrigerer Leitfähigkeit umgesetzt werden.

Eine ähnliche Hilfe kann auch die Messung der Gesamthärte (GH) geben, weil die Salze der Härtebildner in den meisten Fällen den Hauptanteil der Leitfähigkeit stellen.

Messung. An zwei Tauchelektroden wird eine Wechselspannung gelegt und der Stromfluß gemessen. Je höher der Stromfluß, desto höher ist die Leitfähigkeit. Die Maßeinheit lautet μS/cm (Mikro-Siemens pro cm); 1000 μS/cm ergeben 1 mS/cm (Milli-Siemens pro cm). Die in der Aquarienliteratur häufige Angabe μS ist falsch.

Die Beweglichkeit der Ionen im Wasser steigt mit der Temperatur. Deshalb muß bei der Messung stets auch die Temperatur angegeben werden, sofern von der international üblichen und aquaristisch zweckmäßigen Bezugstemperatur 25 °C abgewichen wird. Komfortable Meßgeräte erfassen gleichzeitig die Temperatur und rechnen auf den Standardwert um; bei einfachen Geräten muß mit Hilfe folgender Tabelle korrigiert werden.

Korrekturfaktoren für Wässer mit abweichender Temperatur

Leitfähigkeit(25°C) = k × Meßwert

°C	k	°C	k	°C	k
16	1,225	21	1,091	26	0,979
17	1,196	22	1,067	27	0,959
18	1,168	23	1,044	28	0,940
19	1,142	24	1,021	29	0,922
20	1,116	25	1,000	30	0,905

Beispiel: Es wurden 380 μS/cm bei 20 °C gemessen. Dann lautet das Ergebnis 1,116 × 380 = 424 μS/cm.

Prüfung. Nach DIN 38 404 Teil 8 hat eine 0,01-molare Kaliumchloridlösung (0,7456 g KCl pro Liter) bei 25 °C eine Leitfähigkeit von 1421 μS/cm. Durch Verdünnen 1:10 erhält man eine Lösung mit einer Leitfähigkeit von 147,5 μS/cm bei 25 °C.

Das zur Herstellung der Prüflösungen benutzte Wasser muß eine Leitfähigkeit von praktisch Null besitzen und das KCl vor dem Abwiegen sorgfältig getrocknet werden. Am einfachsten bezieht man die Prüflösung fertig im Laborfachhandel.

Erhöhen. In natürlichen Wässern stellen die Härtebildner den weitaus größten Anteil der Leitfähigkeit. Man erhöht deshalb am besten die Gesamt- und Carbonathärte (siehe dort).

Senken. Mischen mit vollentsalztem Wasser.

Literatur

ROMMEL, K. (1988): Leitfähigkeits-Fibel, Einführung in die Konduktometrie. Herausgeber: Wissenschaftlich-Technische Werkstätten GmbH (WTW), Weilheim.

12. Mangan Mn^{2+}

Bedeutung. Mangan ist ein lebenswichtiges Spurenelement für alle Organismen. Es ist ein häufiger Begleiter des Eisens und verhält sich ähnlich wie dieses.

Sauerstoffarme Quellwässer und Grundwässer können relativ reich an Mangan sein, Werte um 0,05-1,5 mg/l Mn^{2+} sind typisch. Wenn der Sauerstoffgehalt im Wasser über etwa 2 mg/l steigt, geht das Mangan in höhere Oxidationsstufen über und fällt in wasserunlöslichen Verbindungen aus. Oberflächenwässer sind daher so gut wie manganfrei.

Mangan kann mit organischen Substanzen eine Chelatverbindung eingehen; es ist dann, ähnlich wie das Eisen, auch bei höheren O_2-Gehalten noch in „maskierter" Form wasserlöslich.

Pflanzen benötigen nur sehr geringe Manganmengen; die Trockenmasse gesunder Pflanzen enthält etwa 0,001-0,005% Mn^{2+}. Mangan spielt neben Eisen und Kupfer eine wichtige Rolle bei der Photosynthese. Fehlt es, so wird der Wuchs stark behindert; es genügen aber geringe Manganmengen, um ihn rasch wieder zu normalisieren.

Auch für Tiere ist Mangan ein lebenswichtiges Spurenelement. Es aktiviert zahlreiche Enzyme. Der Mensch nimmt täglich 2-5 mg Mangan auf. Manganfrei ernährte Ratten zeigen ähnliche Symptome wie bei Mangel an Vitamin E (Fruchtbarkeits-Vitamin!). Entsprechende Untersuchungen an Fischen sind nicht bekannt.

Im Aquarienwasser ist Manganmangel ähnlich häufig wie Eisenmangel. Fische sind davon kaum betroffen, sie werden über das Futter meist ausreichend versorgt. Aquarienpflanzen wachsen bei Manganmangel schlechter und entwikkeln kleinere Blätter. Ein Wasserwechsel hilft nicht, denn Leitungswasser enthält so gut wie kein Mangan. Das gilt für alle Arten von Leitungswasser, denn Oberflächenwässer sind ohnehin praktisch mangan- und eisenfrei, und Grundwässern werden Mangan und Eisen bei der Aufbereitung entzogen.

Messung. Das wohl empfindlichste kolorimetrische Nachweisverfahren basiert auf Formaldoxim-Hydrochlorid, das mit Mangan einen rotbraunen Farbkomplex bildet. Trotzdem sind mindestens 8 cm Schichtdicke der Probe notwendig, um bei den aquaristisch üblichen Mengen noch eine ausreichende Farbreaktion zu erhalten.

Geeignete Mangantests sind bisher nur im Laborhandel erhältlich. Es sollten sich noch 0,03 mg/l, besser 0,01 mg/l Mangan nachweisen lassen. Die üblichen Reagenzien sind jahrelang haltbar.

Prüfung. Es werden 0,358 g Manganchlorid ($MnCl_2 \cdot 4H_2O$) in etwas Wasser gelöst. Nach Zugabe von etwa 1 ml 25%-iger Salzsäure wird mit Wasser auf 500 ml aufgefüllt. Durch Verdünnen 1:1000 erhält man eine Prüflösung mit 0,20 mg/l Mn^{2+}-Ionen. Sie ist nur kurze Zeit haltbar.

Grenzwerte. Sinkt der Mangangehalt längerfristig unter 0,01 mg/l, so reagieren die Pflanzen mit Wuchsstockungen. Ein Gehalt von 0,03 mg/l Mn^{2+} im Aquarium reicht völlig aus. Bei einem Mangangehalt über 0,1 mg/l können andere Nährstoffe leicht verdrängt werden.

Ab etwa 0,5-1,0 mg/l Mn^{2+} schmeckt das Wasser bitter und kann auf Fische giftig wirken. – Die EG-Richtlinien erlauben im Trinkwasser wesentlich weniger Mangan (0,05 mg/l), jedoch nicht etwa wegen physiologischer Unverträglichkeit, sondern weil es mit dem Luftsauerstoff leicht zu Braunstein reagiert und dann grauschwarze, schwer entfernbare Flecke in Waschbecken und Wäsche verursacht.

Erhöhen. Um vorzeitiges Ausfallen zu vermeiden, wäre die Zugabe als Chelat zweckmäßig. Manganchelate sind jedoch nicht handelsüblich. Erfreulicherweise aber hat die Aquarienpraxis gezeigt, daß auch einfache Mangansalze wirksam sind. Offenbar sind im Aquarienwasser meist genügend organische Verbindungen anwesend, die als Chelator wirksam werden.

Um in 100 Liter Wasser den Mangangehalt um 0,03 mg/l zu erhöhen, kann man z. B. 0,36 ml einer 30%igen Lösung $MnCl_2 \cdot 4H_2O$ zugeben; das entspricht etwa 6-7 Tropfen. (Die gleiche Substanz wird auch bei der Prüflösung verwendet). Eine besondere Anfertigung dieser sehr gut haltbaren Lösung erübrigt sich, wenn man einen chemischen Sauerstofftest (nach WINKLER) besitzt: Die Lösung ist identisch mit der als erstes zuzugebenden O_2-Reagenz! Kennzeichen: blaßrosa Farbe, neutraler pH-Wert.

Senken. Nicht erforderlich.

13. Natrium Na^+

Bedeutung. Im Süßwasser ist Natrium das dritthäufigste Kation; es kommt darin in Mengen um etwa 5-30 mg/l vor (Meerwasser um 11 000 mg/l). Das Natrium-Ion ist wesentlicher Bestandteil des Kochsalzes (NaCl).

Tiere benötigen Natrium-Ionen im Nervensystem, und zwar bei der Übertragung von Reizsignalen und bei der Muskelerregung. Der Natriumbedarf ist gering; die Nahrung enthält meist mehr als erforderlich.

Für die meisten Pflanzen (außer Meerespflanzen) ist Natrium nicht lebensnotwendig. Pflanzenzuchten in natriumfreier Hydrokultur sind möglich.

Im Aquarienwasser spielt das Natrium-Ion kaum eine Rolle trotz seines reichlichen Vorkommens. Probleme können entstehen, wenn die Gesamthärte gering ist und zugleich ein hoher Wert für die Carbonathärte gemessen wird. Das Wasser enthält dann überwiegend Natriumhydrogencarbonat ($NaHCO_3$); und z. B. bei CO_2-Mangel kann der pH-Wert gefährlich hoch ansteigen. Dieser Vorgang ist beschrieben im Kapitel „Carbonathärte“.

Bestimmung. Im Labor wird das Natrium flammenphotometrisch bestimmt. Einfache, aquaristisch geeignete Verfahren sind nicht bekannt; in besonderen Ausnahmefällen bitte man das örtliche Trinkwasserlabor um Hilfe.

Prüfung. Entfällt.

Grenzwerte. Natrium-Ionen sind in weiten Grenzen verträglich, doch sollte der

Natriumgehalt stets beurteilt werden im Zusammenhang mit den übrigen Kationen im Wasser. Ein Anteil von ungefähr 18 % entspricht dem Standard-Ionenverhältnis und ist deshalb für die meisten Süßwasser-Organismen optimal. Daraus ergibt sich ein Richtwert von 1,6 mg/l Na^+-Ionen pro °d Gesamthärte.

Erhöhen. Selten erforderlich! In 100 Liter Wasser wird durch 2,54 g Kochsalz der Na^+-Gehalt um 10 mg/l erhöht. Gleichzeitig steigt der Chloridgehalt um 15,4 mg/l.

Senken. Selten erforderlich! Wasserwechsel durchführen, nötigenfalls mit entsalztem Wasser.

14. Nitrat NO_3^-

Bedeutung. Das Nitrat-Ion ist die Endstufe der Nitrifikation, also der bakteriellen Oxidation des Ammoniums:

$$\text{Ammonium } (NH_4^+) \rightarrow \text{Nitrit } (NO_2^-) \rightarrow \text{Nitrat } (NO_3^-).$$

Die Urquelle des Nitrates sind demnach vor allem die Eiweißstoffe in den Futterresten, aus denen Ammonium freigesetzt wird (siehe „Ammonium"), sowie Fischkot und -urin. Hygienisch betrachtet zeigt die Existenz des Nitrates an, daß das Wasser mit organischen Substanzen verunreinigt worden war und anschließend cin biologischer Selbstreinigungsprozeß erfolgreich abgelaufen ist. Nitrat gilt als relativ ungiftig, daher könnte man das Nitrat als eine Art harmloser Mülldeponie betrachten.

Das Trinkwasser sollte wenig Nitrat enthalten, weil in den sauerstoffarmen Zonen unseres Verdauungstraktes das Nitrat unter Umständen reduziert wird zu giftigem Nitrit. Die meisten Süßwasser-Organismen gelten zwar als relativ unempfindlich gegen Nitrat, doch können ähnliche Reduktionsprozesse auch bei Fischen nicht ausgeschlossen werden. Im Aquarienwasser kann Nitrat zum Nitrit reduziert werden, sobald der Sauerstoffgehalt absinkt unter etwa 1 mg/l. Deshalb ist z. B. das Wasser im Bodengrund regelmäßig nitratfrei infolge Denitrifikation (siehe unter „Senken").

Tropische Gewässer mit üppigem Pflanzenwuchs enthalten meist sehr wenig Nitrat (siehe Wasseranalysen im Teil E). Dagegen ist der Nitratgehalt in vielen Aquarienwässern wesentlich höher, und zwar insbesondere bei schlechtem Pflanzenwuchs. Der Zusammenhang zwischen schlechtem Wuchs und hohem Nitratgehalt ist allgemein bekannt, wobei das eine als Ursache für das andere ebenso oft genannt wird, wie umgekehrt das andere für das eine! Neuere Untersuchungen deckten den komplizierten Zusammenhang auf (KRAUSE 1988a, 1988b): Ungünstig hohe Redoxspannungen fördern die Bildung von Nitrat, und außerdem verschlechtern sie das Wuchsklima für die Pflanzen! Daher kann die Wuchshemmung nicht beseitigt werden durch Entfernen des Nitrates, sondern nur durch Senken der Redoxspannung, wodurch als Folge dann auch der Nitratgehalt zurückgeht.

Pflanzen können Nitrat als Stickstoffquelle nutzen, doch vor der Verwendung müssen sie das Nitrat erst reduzieren zu Ammonium. Das gelingt nur in Gegenwart von Eisen und Molybdän als Katalysatoren (der Begriff Katalysator wird im

Kapitel „Eisen“ erläutert). Etwa 10-50 μg/l Mo und 20 μg/l Fe im Wasser genügen. Außerdem zehrt die Nitratreduktion am Energievorrat der Pflanzen, sie bevorzugen deshalb stets das Ammonium als Stickstoffquelle!

Messung. Üblicherweise wird das Nitrat (NO_3^-) durch ein Reduktionsmittel in Nitrit (NO_2^-) umgewandelt und dieses dann gemessen. Ist außer Nitrat auch Nitrit im Wasser, wird folglich die Summe von beiden gemessen. In den meisten Fällen ist das belanglos, weil das Nitrit vergleichsweise nur spurenhaft vertreten ist. Nur bei sehr geringen Nitratgehalten muß zusätzlich das Nitrit gemessen und berücksichtigt werden: Durch 1 mg/l Nitrit (NO_2^-) wird ein Gehalt von 1,35 mg/l Nitrat (NO_3^-) vorgetäuscht.

Als Reduktionsmittel eignen sich zum Beispiel die Legierungen nach ARNDT (65 % Cu, 35 % Mg) oder nach DEVARDA (50 % Cu, 45 % Al, 5 % Zn).

Die Haltbarkeit einiger Nitrattests ist sehr begrenzt, weil deren Reduktionsmittel empfindlich sind gegen Luftsauerstoff. Daher die Behälter der Nitrattests unbedingt luftdicht verschließen und kühl aufbewahren!

Nach HÜCKSTEDT (1965) kann Nitrat auch folgendermaßen bestimmt werden: Zu etwa 15 ml Wasserprobe werden eine kleine Messerspitze Zinkpulver und 4-5 Tropfen konzentrierte Salzsäure gegeben. Es entwickelt sich naszierender Wasserstoff, der das Nitrat in 15-20 Minuten bis zum Ammonium reduziert. Dann gibt man noch einen Tropfen Salzsäure hinzu, um eventuelle Zinkfällungen zu beseitigen, und verdünnt anschließend die Probe auf das Zehnfache. Nun wird der Ammoniumgehalt gemessen (siehe dort); das Ergebnis wird mit 34,4 multipliziert, d. h. 0,1 mg/l Ammonium entsprechen 3,44 mg/l Nitrat.

Prüfung. Es werden 0,326 g Kaliumnitrat (KNO_3) in 500 ml Wasser gelöst. Nach Verdünnung 1:10 erhält man eine Prüflösung mit 40 mg/l NO_3^--Ionen.

Orientierende Schnellprüfung auf Funktion: Leitungswasser enthält üblicherweise etwa 5 bis 50 mg/l Nitrat.

Grenzwerte. Das Nitrat ist relativ ungiftig. Das Trinkwasser in der BRD darf bis zu 50 mg/l enthalten. Im Aquarium werden Werte unter 20 mg/l angestrebt, bis 80 mg/l sind noch erträglich, über 150 mg/l sollten unbedingt vermieden werden; unter anderem deshalb, weil bei einem etwaigen Sauerstoffmangel mit Reduktion zu giftigem Nitrit gerechnet werden muß.

Erhöhen. Unerwünscht.

Senken. Zum Senken des Nitratgehaltes gibt es mehrere Möglichkeiten:

Wasserwechsel. Einfaches Verfahren, setzt aber Frischwasser mit geringem Nitratgehalt voraus.

„Nitratsieb“. Bezeichnung für stark basische Anionen-Austauscher, die in der Chloridform eingesetzt werden. Unter Abgabe von Chlorid-Ionen nehmen sie andere Anionen auf, und zwar bevorzugt Nitrat- und Sulfat-Ionen. Der Gesamtsalzgehalt des Wassers bleibt unverändert; das Ionenspektrum ändert sich jedoch stark.

Die Austauscheigenschaften schwanken während der Gebrauchsperiode. Anfangs werden neben Nitrat- und Sulfat-Ionen auch Hydrogencarbonat-Ionen entfernt, d. h. die Carbonathärte sinkt. Ist die Austauschkapazität auf etwa 60 % gesunken, werden Hydrogencarbonat-Ionen nicht mehr entfernt, sondern zunehmend abgegeben; d. h. das ablaufende Wasser hat eine höhere Carbonathärte als das zulaufende. Ist der Austauscher erschöpft, nimmt er kein Nitrat mehr auf, sondern gibt es sogar wieder reichlich ab! Er muß dann sogleich entfernt werden.

Die verfügbare Kapazität des Austauschers hängt stark ab vom Anionenspektrum des Wassers. Hier ein Beispiel: Ein Liter Lewatit M600 kann je nach Wasserzusammensetzung etwa 5 bis 40 Gramm Nitrat aufnehmen, wobei es äquivalent 2,8 bis 23 Gramm Chlorid abgibt. Zum Regenerieren von 1 Liter M600 löst man in 3 Liter Wasser etwa 300 g Kochsalz und läßt es mit einer Temperatur von 30-40 °C langsam während 1 Stunde durch den Austauscher laufen; abschließend werden die Salzreste entfernt durch langsames Nachwaschen mit 8-10 Liter Leitungswasser während etwa 1 Stunde, das Waschwasser darf zum Schluß keinen Salzgeschmack mehr haben.

Das „Nitratsieb“ hat folgende Nachteile:

- Das Ionenspektrum wird verändert und kann dann erheblich vom natürlichen Standard abweichen. Physiologisch sehr bedenklich ist, daß zugleich das Verhältnis von zwei- zu einwertigen Ionen stark verschoben wird, denn auch Sulfat wird vollständig entfernt und durch Chlorid ersetzt.
- Die Carbonathärte schwankt ganz erheblich je nach Beladungszustand des Austauschers.
- Nach der Behandlung steigt der Nitratgehalt überraschend schnell, er kann in wenigen Tagen wieder annähernd die alte Höhe erreichen. Nur bei Dauergebrauch des „Nitratsiebes“ bleibt der Nitratgehalt niedrig! – Ursache: Die Redoxspannung ist ungünstig hoch, das fördert stark die Nitratbildung.

Denitrifikation. Unter anaeroben, d. h. sauerstoffarmen Bedingungen, kann Nitrat (NO_3^-) durch Bakterien stufenweise reduziert werden bis zum gasförmigen Stickstoff (N_2):

$$NO_3^- \rightarrow NO_2^- \rightarrow NO \rightarrow N_2O \rightarrow N_2$$

Die drei letztgenannten Verbindungen sind Gase. Das NO (Stickoxid) kann nur unter anaeroben Bedingungen existieren, es muß also - wie gezeigt - unbedingt weiter reduziert werden. Die Gase N_2O (Lachgas) und N_2 (Stickstoff) entweichen schließlich in die Atmosphäre, die ohnehin zu 80 % aus N_2 besteht. So wird Nitrat ersatzfrei aus dem Wasser entfernt!

Die Denitrifikation erfordert etwa folgende Bedingungen: Sauerstoffgehalt unter 1,5 mg/l, Temperatur 18-35 °C, pH-Wert 6-9.

Ein sauerstoffarmes, denitrifizierendes Milieu kann im Filter folgendermaßen erzielt werden: Den Filterbakterien werden genügende Mengen organischer Substanzen angeboten und zugleich der Durchlauf des sauerstoffhaltigen Wassers stark gedrosselt. So wird den Bakterien bei hohem Nahrungsangebot und dementsprechend hohem Sauerstoffbedarf zu wenig gelöster Sauerstoff bereitgestellt. Die Filterbakterien entnehmen den benötigten Sauerstoff nun den sauerstoffhaltigen Verbindungen, und zwar vorrangig den Stickstoffverbindungen. (Sind diese aufgebraucht, werden u. U. auch Sulfate reduziert.)

Denitrifikations-Prozesse werden schon seit Jahrzehnten großtechnisch genutzt, und zwar bei der „anaeroben Wasserreinigung“ und in den „Langsamfiltern“. Es wird dabei eine ausgezeichnete Wasserqualität erzielt! Auch das Grundwasser, das als Trinkwasserquelle besonders hoch geschätzt wird, hat beim Durchsickern des Erdreiches anaerobe Reinigungsprozesse durchlaufen!

Im Bodengrund fast aller Aquarien laufen ebenfalls Denitrifikationsprozesse ab. Ist der Bodengrund genügend hoch und nicht zu locker, so kann sich im Porenwasser ein ausreichend sauerstoffarmes Milieu einstellen und Nitrat bis zum gasförmigen Stickstoff reduziert werden. Ein aquaristisch sehr positiver Prozeß, der aber wegen seines geringen Umfanges meist unbemerkt bleibt.

Erheblich wirksamer gelingt die Denitrifikation in besonderen, sehr langsam laufenden Aquarienfiltern. Es kann unterschieden werden zwischen Systemen, bei denen die notwendigen organischen Substanzen regelmäßig von Hand zugegeben werden müssen und solchen, bei denen die Filtermasse bereits mit den organischen Substanzen für mehrere Monate beladen ist. Versuche mit einer denitrifizierenden Filtermasse und ihre Ergebnisse unter verschiedenen aquaristischen Bedingungen beschreibt ausführlich KRAUSE (1985).

Beim Betrieb aller denitrifizierenden Filtern ist zu beachten:

- Der Sauerstoffgehalt im Filter muß genügend niedrig sein, sonst kann keine Denitrifikation stattfinden. In der Praxis darf das auslaufende Wasser nicht mehr als 1,0 bis 1,5 mg/l O_2 enthalten! Das kann durch genügendes Drosseln des Wasserdurchlaufes erreicht werden.
- Aus 1000 mg Nitrat (also z. B. 10 Liter Wasser mit 100 mg/l NO_3) entstehen etwa 0,4 Liter N_2O- bzw. N_2-Gas. Davon wird nur ein Teil mit dem Wasser abtransportiert, der andere Teil kann als Gasblasen den Wasserdurchlauf behindern. Deshalb müssen die Filter von unten nach oben durchströmt werden und einen ungehinderten Abgang der Gasblasen ermöglichen.
- In den ersten Betriebstagen kann der Nitritgehalt kritisch hoch ansteigen, weil die Kette der Denitrifikations-Bakterien noch im Aufbau ist. Dann muß vorübergehend der Wasserdurchlauf fast auf Null gedrosselt werden, um die Nitritproduktion zu begrenzen und den O_2-Gehalt im Filter noch weiter zu senken. Nach der Einfahrzeit sinkt der Nitritgehalt wieder auf normale Werte.

Die Aquarienpraxis zeigt: Durch Denitrifikation kann der Nitratgehalt auf biologischem Wege von z. B. 80 mg/l auf 3 bis 5 mg/l reduziert werden! Zugleich wird die Redoxspannung gesenkt und damit ein biologisch günstiges Wuchsklima für die Aquarienpflanzen erzielt.

Literatur

HÜCKSTEDT, G. (1965): Aquarienchemie. Franckh-Verlag, Stuttgart.

KRAUSE, H.-J. (1988 a): Oxygen and its Influence on the Growth of Aquarium-Plants. 2nd International Congress of Aquariology, Monaco.

KRAUSE, H.-J.(1988 b): Wasserpflanzen – Wuchsklima und Sauerstoff. Das Aquarium 1988 Seite 529-532, 611-614, 653-656, 725-730; desgl. 1989 Seite 23-26, 89-94, 155-158. Philler Verlag, Minden.

KRAUSE, H.-J.(1985): NITREX – die biologische Nitratentfernung. Aquarien-Magazin, Seite 366-369. Franckh-Verlag, Stuttgart.

15. Nitrit NO_2^-

Bedeutung. Nitrit entsteht im Regelfall durch Oxidation des Ammoniums. Maßgebend sind daran beteiligt Bakterien der Gattung Nitrosomonas. Normalerweise wird das Nitrit zügig weiteroxidiert zum Nitrat und zwar durch Bakterien der Gattung Nitrobacter. Wenn der bakterielle Oxidationsprozeß (Nitrifikation) gestört ist, kann sich das Nitrit anhäufen.

Das passiert z. B. bei einem brandneuen Filter bzw. Filtermaterial, wenn sich noch keine genügend leistungsfähige Bakterienkolonie angesiedelt hat. Neues Filtermaterial benötigt etwa zwei bis drei Wochen Zeit, bis es biologisch eingefahren ist und die Nitrit-Stufe zügig durchlaufen wird. Durch Animpfen mit gebrauchtem Filtermaterial kann die Einfahrzeit verkürzt werden. – Weitere häufige Ursache: Überlastung des Aquariums durch zu dichten Fischbesatz oder/ und leistungsschwache Filter.

Häufig steigt der Nitritgehalt leicht an, wenn das Aquarienwasser mit Ultraviolett-Strahlung behandelt wird, z. B. mit einem UV-Wasserklärer. Die Ursache ist nicht eindeutig geklärt. Vermutlich liegt sie im vermehrten Anfall toter Organismen, deren Stickstoffgehalt freigesetzt wird; aber auch eine direkte Reduktionswirkung der UV-Strahlung (Nitrat → Nitrit) wird diskutiert.

Nitrit ist giftig, weil es den lebenswichtigen roten Blutfarbstoff Hämoglobin physiologisch unwirksam macht. Hämoglobin dient als Sauerstoff-Transportmittel im Blut. – Nitrit kann sich außerdem im Verdauungstrakt mit sekundären Aminen verbinden; es entstehen Nitrosamine, die als krebserregend gelten.

Messung. Grundlage der meisten Nitrittests ist die „Griess-Reaktion“: Ein aromatisches Amin wird durch Nitrit umgewandelt in ein Diazoniumsalz. Dieses kuppelt mit Naphthyl-Ethylendiamin und bildet einen roten Azo-Farbstoff; dessen Farbintensität ist ein Maß für den Nitritgehalt.

Viele Nitrittests enthalten alle Komponenten vereint zu einem einzigen Reagenz. Das erleichtert die Anwendung. Die Haltbarkeit der meisten Nitrittests ist sehr gut. Verdorbene Tests pflegen zu wenig oder gar kein Nitrit anzuzeigen.

Prüfung. Es werden 0,185 g Kaliumnitrit (KNO_2) in 500 ml Wasser gelöst. Nach Verdünnung 1:200 erhält man eine Prüflösung mit 1,0 mg/l NO_2^--Ionen. Die Lösung ist nur kurze Zeit haltbar.

Orientierende Schnellprüfung auf Funktion: Speichel enthält etwa 1 bis 10 mg/l Nitrit.

Grenzwerte. Sauberes Wasser ist völlig nitritfrei. Aquarienwasser enthält oft Konzentrationen um 0,02 bis 0,1 mg/l Nitrit, das ist harmlos. Im eingefahrenen Aquarium sind Werte über 0,2 mg/l Nitrit grundsätzlich zu beanstanden. Konzentrationen über 0,5 mg/l sind sehr bedenklich und weisen auf erhebliche Störungen im Bakterienhaushalt bzw. im Filter hin. Unter günstigen Umständen wird ein Nitritgehalt von 2,0 mg/l von vielen Fischen bei ausreichendem Sauerstoffgehalt für einige Tage toleriert, doch sind Verluste nicht ausgeschlossen.

Erhöhen. Unerwünscht.

Senken. Zu hohen Nitritgehalt durch Wasserwechsel senken. Steigt die Konzentration in wenigen Tagen wieder hoch an, so ist – bei eingefahrenem Filter – der Filter entschieden zu klein oder das Aquarium erheblich überbesetzt!

Der Nitritgehalt sinkt auch bei Ozonbehandlung, denn Ozon (O_3) unterstützt die Oxidationsprozesse im Aquarium.

Wenn aber der Nitritgehalt nur bei ständiger Ozonung genügend niedrig gehalten werden kann, ist das Aquarium völlig überlastet!

16. Organische Verbindungen

Bedeutung. Die organischen Verbindungen wurden einst als Bestandteile der lebenden Organismen entdeckt, später fand man sie auch in toter Materie. Heute versteht man unter organischen Verbindungen solche, bei denen die Kohlenstoffatome ein Gerüst bilden aus geraden oder verzweigten Ketten, Ringen oder ähnlichen Gebilden; an das Gerüst sind andere Elemente gebunden, vor allem Wasserstoff, Sauerstoff, Stickstoff, Schwefel und Phosphor. Die Bindungsmöglichkeiten sind außerordentlich vielfältig, deshalb existieren schätzungsweise etwa fünf Millionen verschiedene organische Verbindungen.

Natürliche Gewässer enthalten oft überraschend große Mengen an organischen Verbindungen. Eine Faustregel aus der Gewässerkunde besagt, daß im Wasser etwa 10-20mal mehr totes organisches Material gelöst ist, als in der lebenden Biomasse (Plankton, Fische, Pflanzen) gebunden sind!

Die im Wasser gelösten organischen Verbindungen sind größtenteils tierische oder pflanzliche Ausscheidungen oder die Zersetzungsprodukte abgestorbener Organismen. Aus streng hygienischer Sicht sind sie eindeutig Verunreinigungen des Wassers. Weil sie aber regelmäßig wieder Nährstoffe sind für andere Lebewesen, können sie indirekt die Entwicklung von Fischen und Pflanzen äußerst positiv beeinflussen!

Wässer aus moorigen Gebieten enthalten besonders reichlich organische Verbindungen, und zwar Humusstoffe. Diese entstehen bei unvollständiger Zersetzung von Pflanzenresten, also z. B. bei der Torfbildung. Es sind vorwiegend Humin- und Fulvosäuren, beide geben dem Wasser den typischen schwachen Säurecharakter. Die Fulvosäuren erzeugen außerdem die typische braune Färbung der Moorwässer sowie der Schwarzwasserflüsse, wie sie z. B. in einigen Gebieten von Indonesien, Malaysia und Amazonien (Bild rechts) vorkommen.

Zum Vergleich einige Angaben aus natürlichen Gewässern: Grundwasser enthält üblicherweise keine organischen Verbindungen, Oberflächenwässer etwa 2-25 mg/l, tropische Schwarzwässer einige 100 mg/l.

Im Aquarienwasser stammen die organischen Verbindungen z. B. aus abgestorbenen Kleinlebewesen, Pflanzenresten sowie vor allem aus Futterresten und Ausscheidungen der Fische. Es sind also Eiweiße, Fette, Kohlenhydrate, Harnstoff usw. Deshalb werden organische Verbindungen als hygienisch unerwünschte Verunreinigungen des Wassers angesehen. Nach WACHTEL (1988) belasten 100 Gramm Fisch (etwa 100 Stück ausgewachsene Rote Neon) das Wasser täglich mit organischen Substanzen entsprechend einer Menge von 500 bis 1000 mg/l BSB5. – Im eingefahrenen Aquarium, und noch wirkungsvoller im Filter, werden die meisten organischen Verbindungen mit Bakterienhilfe allmählich aufgespalten in relativ harmlose Salze bzw. Ionen, Wasser und Kohlendioxid, wobei die verschiedensten Zwischenstufen durchlaufen werden.

Die Aquarienpraxis hat gezeigt, daß im Wasser ein Mindestgehalt an organischen Substanzen notwendig ist, und zwar insbesondere für das Wohlbefinden der Fische. Frisches, also „sauberes“ Leitungswasser wirkt aggressiv auf Schleimhäute und Kiemen; erfahrungsgemäß brechen in frisch eingerichteten Aquarien sowie

Bild C16.1: Der Rio Aracá (Amazonasgebiet, Zentral-Brasilien) ist ein typischer Schwarzwasserfluß. Seine dunkelbraune, teeähnliche Farbe weist hin auf einen hohen Gehalt an Huminstoffen.

nach umfangreichen Wasserwechseln sehr leicht Krankheiten aus.

Die Aggressivität des frischen Wassers kann gemildert werden durch Zusatz geeigneter organischer Verbindungen, wie z. B. Ethylcellulose oder manchen anderen Cellulosederivaten. Sehr gut geeignet sind auch die in der Medizin als Blutersatzstoff benutzten Polyvinylpyrrolidone (MG etwa 6.000 bis 50.000). Ein einmaliger Zusatz von ungefähr 10 mg/l hat sich bewährt.

Auch Wasserpflanzen reagieren sehr dankbar auf eine Mindestmenge an organischen Substanzen, zumal viele von ihnen als Chelator wirken und somit als schützende Nährstoffträger dienen für oxidationsempfindliche Nährstoffe. Außerdem können organische Substanzen während ihrer bakteriellen Zerlegung Redoxprozesse auslösen, durch die bereits ausgefällte Nährstoffe wieder wasserlöslich und damit pflanzenverfügbar werden. Zum Beispiel kann in einem eingefahrenen Aquarium ein kleiner Zusatz von Citronensäure den Eisengehalt im Wasser deutlich anheben; mit einer äquivalenten Menge Salzsäure gelingt das nicht! Deshalb kann bereits der Zusatz allein eines Chelators stark wuchsanregend wirken. Besser geeignet als Citronensäure ist z. B. die Ethylendinitrilotetraessigsäure (EDTA), sie ist in fast allen Düngepräparaten enthalten. Jedoch sind die Synthetika (EDTA, EDDHA, NTA usw.) in ihrer biologischen Wirkung meist deutlich unterlegen gegenüber Chelatoren natürlichen Ursprungs.

Die Chelatorwirkung beispielsweise von Huminstoffen in natürlichen Gewässern wurde genauer untersucht von STEINBERG und STABEL (1978). Die Untersuchungen ergaben u. a., daß das Eisen besonders stabil chelatisiert wird, wie hier eine der gefundenen Bindungsreihen zeigt:

$$Fe > Ni > Mn > Cu > Cr > Pb$$

Diese Erkenntnisse und Erfahrungen zeigen, daß ein im hygienischen Sinne sauberes (Trink-) Wasser kein ideales Aquarienwasser sein kann. Daraus folgt, daß im Aquarium durch zu intensive Filterung durchaus Probleme entstehen können. Und tatsächlich sind viele Aquarien überfiltert!

Ein zu hoher Gehalt an organischen Verbindungen ist aus tierhygienischer Sicht unerwünscht. Auch kommt es vor, daß Fischmedikamente durch organische Stoffe gebunden oder chelatisiert werden; dadurch kann der Eindruck entstehen, das Medikament sei kaum noch wirksam oder der Krankheitserreger sei resistent geworden. Nachdosieren kann gefährlich sein; denn falls die Verbindungen durch irgendwelche Milieu-Änderungen aufbrechen, werden die (oft nicht ungiftigen) Medikamente wieder voll aktiv! Siehe auch unter Kupfer.

Messung. Genaue Bestimmungen der organischen Stoffe nach Art und Menge erfordern extrem hohen Laboraufwand. Deshalb sind physikalische oder chemische Summenbestimmungen üblich.

Physikalisch. Hierzu zählt z. B. die Bestimmung der UV-Absorption, denn zahlreiche organische Verbindungen haben die Eigenschaft, Ultraviolett-Strahlung zu verschlucken.

Meßprinzip: Ein Quarzglasgefäß mit der Wasserprobe wird von einer Seite angestrahlt mit einer UV-Lampe (254 nm). Auf der gegenüberliegenden Seite mißt eine Fotozelle die Intensität der Strahlung. Aus dem Verhältnis der Intensitäten ohne/mit Wasserprobe unter Berücksichtigung der Schichtdicke kann auf den Gehalt an organischen Verbindungen geschlossen werden.

Leider hat dies recht einfache Verfahren den Nachteil, daß Nitrate ebenfalls UV-Strahlung absorbieren, also mitgemessen werden. Dies kann aber mit Hilfe entsprechender Eichkurven berücksichtigt werden, siehe HABERER (1985). In die Aquaristik konnte sich das Verfahren bisher nicht einführen, u.a. weil die bisherigen UV-Fotozellen sehr teuer und nur kurzlebig sind.

Ein anderer physikalischer Effekt kann für Praktiker zum Abschätzen dienen: Viele organische Verbindungen senken die Oberflächenspannung des Wassers. In frischem Leitungswasser bleiben Schaumblasen an der Oberfläche nur Sekundenbruchteile bestehen; Standzeiten von mehreren Sekunden sind im Süßwasser stets ein deutlicher Hinweis auf organische Verbindungen!

Chemisch. Arbeitsprinzip sind meist die chemische oder biologische Oxidation der organischen Verbindungen. Folgende Verfahren sind üblich:

- „**C**hemischer **S**auerstoff-**B**edarf" (CSB). Die in der Wasserprobe enthaltenen organischen Substanzen werden in 148 °C heißer Kaliumdichromat-Lösung oxidiert, der Verbrauch an Kaliumdichromat wird umgerechnet als Sauerstoffverbrauch.
- „Kaliumpermanganat-Verbrauch". Die Wasserprobe wird nach Zusatz von Kaliumpermanganat ($KMnO_4$) gekocht. Die zur Oxidation der organischen Verbindungen verbrauchte Menge an $KMnO_4$ wird in mg/l angegeben.
- „Gehalt an organischem Kohlenstoff" (**T**otal **O**rganic **C**arbon, TOC). Üblich ist die Hochtemperatur-Oxidation bei 950 °C mit Luftsauerstoff an Cobalt- oder Nickeloxid-Katalysatoren. Es wird die Menge des bei der Verbrennung gebildeten CO_2 gemessen und der umgesetzte Kohlenstoff (C) in mg/l angegeben.
- „**B**iochemischer **S**auerstoff-**B**edarf in **5** Tagen" (BSB5). Die organischen Verbindungen in der Wasserprobe werden bakteriell oxidiert und der dabei verbrauchte Sauerstoff angegeben.

Die Ergebnisse aller Verfahren sind nicht streng miteinander vergleichbar, denn die verschiedenen Substanzen sind unterschiedlich oxidierbar. So werden z. B. Huminstoffe beim TOC-Verfahren vollständig erfaßt, beim BSB5 jedoch nur teilweise, weil sie gegen Bakterienangriff recht widerstandsfähig sind.

Alle Verfahren erfordern erheblichen Laboraufwand. Für die Aquaristik eignet sich folgendes, vereinfachtes BSB5-Verfahren:

Bestimmung des Biochemischen Sauerstoff-Bedarfes (BSB5):

1. Eine Wasserprobe (etwa 0,25-0,5 l) wird mittels Luftpumpe für einige Minuten belüftet. Dadurch stellt sich ein definierter und reproduzierbarer An-

Tausend Rote Neons (Cheirodon axelrodi) drängeln sich in dieser Plastikwanne. Sie werden aufgekauft von Händlern aus dem 600 km entfernten Manaus für umgerechnet 1,5 Pfennig pro Stück.

Zierfischfänger in Amazonien. Sie stapeln ihre Beute in Plastikwannen mit nur etwa 4-5 cm Wasserstand. Durch die große Wasseroberfläche bei vergleichsweise kleinem Wasservolumen wird der Gasaustausch sehr gefördert; so herrscht trotz sehr dichter Fischbesetzung kein Sauerstoffmangel.

Skalare sind sehr bekannte Aquarienbewohner, die sich gut im Aquarium halten lassen. Bei guten Wasserverhältnissen kommt es auch im Gesellschaftsaquarium zu einer Paarbildung und erfolgreicher Nachzucht. Neben silbrig glänzenden Skalaren gibt es zahlreiche andere Farbvarianten.

fangs-Sauerstoffgehalt ein; bei 20 °C wären dies 9,1 mg/l (s. Kapitel „Sauerstoff").

2. Dann wird die Wasserprobe luftblasenfrei verschlossen und bei konstanter Temperatur (20 °C) im Dunkeln aufbewahrt. – Mikroorganismen beginnen nun, die organischen Verbindungen so weit wie möglich zu zerlegen, wobei Sauerstoff verbraucht wird. Der Sauerstoffgehalt in der Probe nimmt daher ab.

3. Nach 5 Tagen wird der Sauerstoffgehalt gemessen. Die O_2-Differenz zwischen Beginn und Ende des Versuches ist der gesuchte Biochemische Sauerstoff-Bedarf BSB5. Je höher der Gehalt an (bakteriell zerlegbaren) organischen Verbindungen, desto höher ist der BSB5.

   Hinweis: Sind bei Versuchsende weniger als 2 mg/l O_2 meßbar, muß der Versuch mit einer neuen, verdünnten Probe wiederholt werden. Das Meßergebnis wird dann mit dem Verdünnungsfaktor multipliziert.

Das BSB5-Verfahren ist aus vielen Gründen störanfällig. Der O_2-Verbrauch wird beeinflußt z. B. durch pH-Wert, Nährsalze sowie Anzahl und Art der vorhandenen Mikroorganismen. Außerdem binden anorganische Oxidationsprozesse, die zur gleichen Zeit ablaufen, ebenfalls Sauerstoff; so verbraucht z. B. die Umsetzung von 0,1 mg/l NH_4^+ zu NO_3^- bereits 0,46 mg/l Sauerstoff. Die Aussagekraft des BSB5 ist daher begrenzt; verläßliche Vergleiche sind nur bei identischen Meßbedingungen möglich.

Prüfung. Entfällt.

Grenzwerte. Sauberes Trinkwasser hat 0 mg/l BSB5. In der Aquaristik liegen über Grenzwerte kaum Erfahrungen vor. Die Aquarienliteratur ist spärlich; nach WACHTEL (1982) sind im Aquarium Werte zwischen 1,5 und 4 mg/l BSB5 üblich.

Wegen der Störanfälligkeit der BSB5-Bestimmung und möglicher Varianten im Verfahren sind die angegebenen Werte keineswegs als verbindlich anzusehen.

Erhöhen. Dem Frischwasser können zum Beispiel die anfangs erwähnten Plasma-Expander, Ethylcellulose oder EDTA zugegeben werden und zwar etwa 10 mg/l. Das EDTA in der Grundform ist schlecht wasserlöslich, deshalb wird am besten dessen Natriumsalz (Na-EDTA) verwendet, das unter verschiedenen Handelsnamen erhältlich ist, z. B. als Titriplex III®. Im Zoohandel sind eine Reihe von Fertigpräparaten erhältlich, deren Rezepte auf den erwähnten Grundsubstanzen basieren.

Im eingefahrenen Aquarium sind normalerweise keine Zusätze erforderlich, denn mit dem Fischfutter werden laufend organische Verbindungen zugeführt, die durch den Stoffwechsel von Fischen und Mikroorganismen allmählich umgesetzt werden.

Senken. Bei zu hohem BSB5 ist die bakterielle Abbauleistung zu gering oder der Fischbesatz zu hoch. Daher leistungsfähigere Filter installieren oder besser den Fischbestand drastisch reduzieren! Im akuten Notfall Wasserwechsel durchführen. In besonderen Fällen hilft Filtern über Aktivkohle; diese adsorbiert viele organische Verbindungen, darunter Farbstoffe, Pestizide (also Insektizide, Herbizide, Fungizide...), Huminstoffe und Medikamente. Unbedingt auf aquarienerprobte Qualität der Aktivkohle achten! Manche Sorten verändern den pH-Wert des Wassers unerwünscht oder geben giftige Substanzen aus dem Herstellungsprozeß ab.

Filterung. Der Abbau organischer Verbindungen durch Bakterien geschieht grundsätzlich überall dort, wo sich Bakterien ansiedeln können: auf jedem Sandkorn, jeder Dekoration, auf den Glasscheiben usw., also im gesamten Aquarium! Im Filter laufen genau dieselben Prozesse ab, jedoch konzentrierter. Nach Untersuchungen von WACHTEL (1988) senkt ein gut funktionierender Filter mit 6 Liter Volumen in einem 200-Liter-Aquarium die organische Belastung etwa auf die Hälfte (gemessen als BSB5). Das bedeutet, ein 6-Liter-Filter kann ungefähr die gleiche Abbauleistung erbringen wie ein 200-Liter-Aquarium für sich allein.

Aquarienfilter arbeiten überwiegend oxidativ, d. h. sie zerlegen die organischen Wasserinhaltsstoffe mit Bakterienhilfe unter Bindung von Sauerstoff. (Reduktive Filter werden nur in Sonderfällen benutzt, z. B. zum Senken des Nitratgehaltes, siehe dort). Die Einzelprozesse der biochemischen Oxidation verlaufen außerordentlich kompliziert. Ihr genauer Verlauf hängt unter anderem ab von Temperatur, Sauerstoffgehalt und Art der organischen Verbindungen. Ganz grob betrachtet werden z. B. die Eiweiße in folgenden Stufen zerlegt, wobei jedesmal andere Bakteriengruppen aktiv werden:

Eiweiße → Peptide → Aminosäuren → Ammonium → Nitrit → Nitrat.

Besonders aufschlußreich ist die folgende Übersicht:

Stoffumsatz bei der Zerlegung von Eiweiß

Kohlenstoff	C	50 g	→		→ Kohlensäure	CO_2	183 g
Sauerstoff	O	25 g	→		→ wird wieder gebunden!		
Stickstoff	N	17 g	→	Umsetzung	→ Nitrat	NO_3	75 g
Wasserstoff	H	7 g	→		→ Wasser	H_2O	63 g
Schwefel	S	1 g	→		→ Sulfat	SO_4	3 g
	Eiweiß	100 g	——→	umgesetzt	——→		324 g

Aus 100 g Eiweiß werden gebildet 324 g andere Substanzen. Die Mengenzunahme geschieht durch Bindung von zusätzlichem Sauerstoff, der dem durchfließenden Wasser entnommen wird.

Daraus folgt: Ein biologisch ordnungsgemäß arbeitender Aquarienfilter verbraucht Sauerstoff! Und zwar je 1 Gramm organische Verbindungen etwa 2,2 Gramm Sauerstoff.

So sieht es ein Vierauge (Anableps anableps): Über Wasser der Regenwald und unter Wasser ein Cryptocorynenbiotop! (Die Camera wurde halb in das Wasser getaucht.)

In diesem Aquarium beträgt der O_2-Gehalt nur etwa 5,5 mg/l (abends gemessen). Ein wesentlicher Grund für den prächtigen Pflanzenwuchs! Trotzdem fühlen sich die Diskusfische wohl und laichen darin ab.

Hier führt ein Trampelpfad durch den dichten Regenwald. Ein wackliger Steg überquert ein unscheinbares Gewässer, das jedoch bei näherer Betrachtung prächtige Bestände von Cryptocorynen enthält.

Diese überaus dichten Bestände von Cryptocoryne cordata liegen versteckt im Regenwald. Nur zufällig führt ein Trampelpfad daran vorbei.

Das Filtermaterial selbst nimmt am Filterprozeß nicht teil, sondern es dient nur als Siedlungsfläche für die Bakterienkolonien. Deshalb soll es eine möglichst große „innere" Oberfläche besitzen und sich chemisch neutral verhalten. Besonders bewährt hat sich Material, das auch einen Anteil sehr feiner Poren besitzt, wo das Wasser längere Zeit verweilen kann. Hier bilden sich sauerstofffreie Inseln, in denen Reduktionsprozesse den Abbau organischer Verbindungen wesentlich unterstützen. (Die Aufbereitung kommunaler Abwässer erfolgt grundsätzlich oxidativ und reduktiv). Solche günstigen Eigenschaften haben z. B. manche Schaumstoffe. Dagegen hat sich Filtermaterial mit glatter Oberfläche, wie z. B. Keramik-Ringe oder grobe Kiesel, nicht bewährt.

Die technische Bauform des Filters (Außen-, Innen-, Topf-, Riesel-, Flächenfilter usw.) kann den Wirkungsgrad des Filterung beeinflussen infolge unterschiedlicher Sauerstoffversorgung. Jedoch bleibt der oxidative biochemische Filterprozeß prinzipiell derselbe.

Die notwendige Größe bzw. Leistung eines Filters hängt nicht ab von der Größe des Aquariums – wie oft gemeint wird –, sondern von der Menge der anfallenden organischen Verbindungen. Entscheidend ist also der Fischbesatz, oder genauer gesagt, die in das Aquarienwasser gelangende Futtermenge; dabei ist es gleichgültig, ob das Futter ungefressen im Wasser zerweicht oder erst nach dem Umweg über den Fischdarm das Wasser belastet. So z. B. muß ein mit 120 Neonfischen reichlich besetztes 80-Liter-Becken sehr intensiv gefiltert werden, dagegen benötigt ein 500-l-Pflanzenaquarium mit nur 30 Neonfischen überhaupt keinen Filter!

Bei jedem neuen Filter dauert es mehrere Wochen, bis sich darin genügend leistungsfähige Bakterienkolonien entwikkelt haben. Durch Animpfen mit etwas gebrauchtem Filtermaterial läßt sich der Vorgang beschleunigen. Grundsätzlich aber kann die Filterleistung erst beurteilt werden, wenn die Aquarienanlage mindestens ein bis zwei Monate ungestört in Betrieb war, und zwar z. B. durch Messen des BSB5. Gute Hinweise liefert auch der Nitritgehalt, der sich in Minutenschnelle bestimmen läßt: Die Filterleistung ist eindeutig zu gering, wenn trotz genügender Einlaufzeit immer noch mehr als 0,2 mg/l NO_2 vorhanden sind. – Zu hohe Filterleistungen dagegen behindern erfahrungsgemäß den Wuchs der Aquarienpflanzen, weil wichtige Pflanzennährstoffe (Eisen u.a.) zu rasch oxidiert und ausgefiltert werden!

Literatur

DIN 38 409 Teil 51: Bestimmung des Biochemischen Sauerstoffbedarfes in n Tagen. Beuth-Verlag, Berlin 30.

HABERER, K. (1985): Über die Anwendung von Messungen im UV-Bereich bei der Trinkwassergewinnung. Zeitschrift für Gewässerschutz - Wasser - Abwasser 79, Seite 172-220.

WACHTEL, H. (1982): Erfahrungen mit dem Biotropfkörper. DATZ 36, Seite 179. Reimar-Hobbing Verlag, Essen.

WACHTEL, H. (1988): Zur Aquarienökologie: Filtertechnik. DATZ 41, Heft 4, Seite 42-44. Ulmer, Stuttgart.

STEINBERG, C. und STABEL, H. (1978): Untersuchungen über gelöste organische Substanzen und ihre Beziehungen zu Spurenmetallen. Vom Wasser 51, Seite 11-32.

17. Ozon O_3

Bedeutung. Das normale Sauerstoff-Molekül besteht aus zwei Atomen, es hat deshalb die chemische Formel O_2. Beim Ozon haben sich drei Atome zu einem Gasmolekül zusammengeschlossen, es hat deshalb die Formel O_3. Ozon entsteht aus normalem Sauerstoff z. B. durch Einwirkung kurzwelliger UV-Strahlung unter 242 nm oder elektrische Entladungen. Ozon wiegt 1,65mal schwerer als Luft. Es hat einen typischen, stechenden Geruch, der noch in einer Verdünnung von 1:500 000 wahrnehmbar ist.

Ozon zerfällt allmählich in die normale Form des Sauerstoffes nach folgender Gleichung:

$$O_3 \rightarrow O_2 + 1/2\, O_2$$

Das freigesetzte Einzel-Sauerstoffatom, hier in der Formel als halbes Molekül beschrieben, ist außerordentlich reaktionsfreudig und macht Ozon zum stärksten bekannten Oxidationsmittel nach Fluor. Ozon zerstört viele organische Verbindungen und kann Bakterien, Viren usw. abtöten. Bei stärkerer Konzentration werden auch Höhere Tiere und Pflanzen unmittelbar geschädigt.

In der Aquaristik wird gelegentlich Ozon benutzt, um die oxidativen Reinigungsprozesse zu unterstützen, denn viele Eiweißabbauprodukte werden durch Ozon schnell zerlegt, sowie Nitrit rasch in Nitrat übergeführt. Deshalb kann Ozon bei der Intensiv-Fischhaltung und in der Meerwasser-Aquaristik ein wertvolles Hilfsmittel sein. Nach SANDER (1986) sollte Ozon jedoch nicht eingesetzt werden bei Luftatmern, Fischen mit Schleierschwänzen und Diskus-Nachzuchten, solange diese vom Hautsekret der Elterntiere leben.

Ozon nicht zugleich mit Medikamenten anwenden! Es muß mit ihrer Zerstörung und mit unerwünschten Nebenwirkungen gerechnet werden.

Die wasserentkeimende Wirkung des Ozons wird meist stark überschätzt. Nach den Erfahrungen der Trinkwasserwerke sind dazu mindestens 0,3 mg/l O_3 erforderlich. Diese Konzentration läßt sich jedoch mit aquaristisch üblichen Geräten kaum erreichen. Ein steriles Aquarienwasser ist ohnehin nicht erwünscht!

Ozon oxidiert empfindliche Nährstoffe, z. B. Eisen und Mangan, zu nichtwasserlöslichen Verbindungen. Dadurch kann der Pflanzenwuchs leicht ins Stocken geraten. Nährstoffchelate bieten keinen Schutz, weil Ozon auch die Chelatoren angreift und zerstört. Ozon ist deshalb für Pflanzenaquarien nicht geeignet.

Ozon ist kaum lagerfähig, es wird bei Bedarf elektrisch erzeugt. Der Zoohandel bietet geeignete Ozongeräte an. Sie bestehen aus einer Hochspannungsquelle (mind. 3 kV) und einer Sprühkammer, in der eine sogenannte Stille Entladung abläuft. Durch die Sprühkammer wird Luft geleitet. Unter dem Einfluß der Stillen Entladung wandelt sich ein kleiner Anteil des Luftsauerstoffes um in Ozon. Bei trockener Luft kann eine Ozonkonzentration von etwa 0,1 % erreicht werden; feuchte Luft läßt die Ausbeute beträchtlich sinken. Deshalb sollte die Luft zum

Ozongerät stets über ein Filter mit Silicagel geführt werden, um sie vorher zu trocknen. Vorteilhaft ist sogenanntes Blaugel, ein Silicagel mit Feuchte-Indikator, denn es signalisiert seine Erschöpfung deutlich durch Farbumschlag von blau nach rosa. Silicagel kann durch trokkene Wärme leicht wieder regeneriert werden, z. B. im Backofen bei 150 °C.

Messung. Genaue Messungen sind nur mit labormäßigem Aufwand möglich: In 100 ml Wasserprobe gibt man 0,5 g Kaliumjodid als Indikator und etwas Schwefelsäure. Dann wird mit einer 0,01N-Thiosulfatlösung bis zur Entfärbung titriert; je 1 ml verbrauchter Thiosulfatlösung entspricht 0,48 mg/l Ozon.

Für die Aquarienpraxis genügt der Nachweis von Ozon überhaupt. Hierzu sind die meisten Chlortests geeignet. Außerdem gelingt ein genügend empfindlicher Nachweis mit ortho-Tolidin (nach Elms-Hauser); das Reagenz muß dunkel aufbewahrt werden und ist etwa 6 Monate haltbar:

1. Ein Reagenzglas wird mit etwa 20 ml Wasserprobe gefüllt.
2. 1 ml ortho-Tolidin (nach Elms-Hauser) werden zugefügt.
3. Man blickt von oben in das Glas auf eine weiße Unterlage, Gelbfärbung weist auf Ozon hin.

Hinweis: Aquarienwasser enthält kein Ozon, solange darin Nitrit (NO_2^-) nachweisbar ist.

Prüfung. Entfällt.

Grenzwerte. Im Aquarienwasser darf kein Ozon nachweisbar sein, sonst muß mit Schädigung der Fische gerechnet werden. Ozon darf allein in der dafür vorgesehenen Filterkammmer wirken. Mit Ozon behandeltes Wasser wird am besten über ein Aktivkohlefilter geleitet, bei ausreichend langer Kontaktzeit wird darin das Ozon katalytisch zerlegt.

Im Zimmer darf kein Ozongeruch wahrnehmbar sein! Die Gesundheitsbehörden beurteilen Luft mit mehr als 0,12 mg/m³ Ozon als bedenklich, aber erst die 20fache Menge macht sich als Geruch bemerkbar! Ständige Ozonbelastung erzeugt Kopfschmerz, unter Umständen sogar Übelkeit und das Gefühl einer Erkältung. Nötigenfalls die Abluft des Ozonfilters ins Freie leiten!

Erhöhen. Siehe Gebrauchsanweisung des Gerätes.

Senken. Siehe Gebrauchsanweisung des Gerätes. Falls Ozon im Aquarienwasser nachweisbar ist, Aktivkohlefilter in den Filterauslauf einfügen!

Literatur

SANDER, E.(1986): Technischer Ratgeber für Aquarienfreunde. Firma Sander, Elektroapparatebau, 3162 Uetze-Eltze.

18. pH-Wert

Bedeutung. Der Begriff pH (lat.: **p**otentia **H**ydrogenii) bezeichnet den negativen Logarithmus der Konzentration von Wasserstoff-Ionen. Vereinfacht ausgedrückt: Der pH-Wert kennzeichnet das Kräfteverhältnis der Säuren und Basen im Wasser. Ist das Verhältnis ausgewogen, so liegt der pH-Wert bei 7 in der neutralen Mitte der pH-Skala, die den Bereich 0 bis 14 umfaßt. Überwiegen die Säuren, so sinkt der pH-Wert unter 7; überwiegen die Basen (Laugen), so steigt der pH-Wert über 7.

Reines H_2O, also destilliertes oder entsalztes Wasser, hat einen pH-Wert von 7,0. Das gilt aber nur so lange, wie das Wasser unter Luftabschluß aufbewahrt wird. Denn sobald es Kohlendioxid aus der Luft aufnehmen kann, bildet sich Kohlensäure, und der pH-Wert sinkt ab auf etwa 5,4 bis 5,3.

$$CO_2 + H_2O \longleftrightarrow H_2CO_3$$

Kohlendioxid + Wasser ⟷ Kohlensäure

Die pH-Skala verläuft logarithmisch, d. h. jede pH-Stufe bedeutet eine Verzehnfachung der Mengen an Säuren bzw. Basen. Deshalb enthält z. B. ein Wasser mit pH 5 zehnmal so viel Säure wie ein Wasser mit pH 6; und dieses wiederum zehnmal so viel Säuren wie ein Wasser mit pH 7! So wird verständlich, daß Änderungen um nur eine pH-Stufe erhebliche biologische Folgen haben können.

Der pH-Wert ist eine Summengröße. Er gibt keinerlei Auskunft über die Art oder absoluten Mengen der beteiligten Säuren bzw. Basen. Genau derselbe pH-Wert kann sowohl durch große Mengen einer schwachen Säure zustande kommen wie auch durch geringe Mengen einer starken Säure.

Daraus folgt: Der pH-Wert ist zweifellos eine wichtige Größe, doch er hat – für sich allein betrachtet – keineswegs die überragende Bedeutung, die ihm in der Aquaristik häufig zugedacht wird! Noch wichtiger als der pH-Wert selbst ist nämlich, durch welche Stoffe er zustandegekommen ist! – Das beweist ein alltägliches Beispiel: Die Qualität einer säuerlichen Limonade hängt entscheidend davon ab, ob ihr pH-Wert eingestellt wurde mit Kohlensäure, Zitronensaft, Essig oder Salzsäure. Ganz ähnlich empfinden Fische und Pflanzen im Aquarium! Der pH-Wert kann die Löslichkeit oder gar Existenz mancher Stoffe beeinflußen. So z. B. lösen sich die Spurenelemente Eisen und Mangan leichter im sauren Milieu, und das Ammoniak ist nur bei höheren pH-Werten existenzfähig.

Nach Untersuchungen von RUBIN (1985), zitiert durch WERNER (1986), kann der pH-Wert bei der Fischzucht die Geschlechterverteilung beeinflussen. So zeigten Versuche an einigen Cichliden (Pelvicachromis spec., Apistogramma spec.) und am Schwertträger (Xiphophorus helleri), daß Nachzuchten bei pH 5-6 überwiegend Männchen erbrachten, solche um pH 7 dagegen mehr Weibchen.

In natürlichen, belebten Gewässern liegen die pH-Werte vorzugsweise zwischen 5,5 und 8,3. Extrem niedrige pH-Werte weit unter pH 5,0 können vorkommen in Moor- und Schwarzwässern, wie

z. B. im Rio Negro (siehe Tabelle im Teil E). Derartig niedrige pH-Werte sind grundsätzlich lebensfeindlich, und solche Gewässer sind nur von wenigen Spezialisten sehr dünn besiedelt. Entgegen der in der Aquaristik allgemein verbreiteten Überzeugung ist z. B. der Rote Neon kein typischer Schwarzwasserfisch, sondern er kommt in den Klarwasserzuflüssen zum Rio Negro vor (GEISLER 1984, RÖMER 1987).

In natürlichen Fisch- und Pflanzengewässern wird der pH-Wert hauptsächlich durch zwei Komponenten bestimmt, nämlich durch die Carbonathärte als basischer Reaktionspartner und die Kohlensäure als saurer Gegenspieler. Wässer mit hoher Carbonathärte und wenig Kohlensäure haben regelmäßig hohe pH-Werte; dagegen sind carbonatarme Wässer mit viel Kohlensäure relativ sauer. In moorigen Gewässern, im Schwarzwasser und im torfgefilterten Aquarienwasser sind außer dem noch Humin- und Fulvosäuren wirksam. Andere Stoffe mit nennenswertem Einfluß auf den pH-Wert gibt es in natürlichen Gewässern nicht!

Der Zusammenhang zwischen Carbonathärte, Kohlensäure und pH-Wert ist übersichtlich dargestellt auf der „Rechentafel KH-CO_2-pH“, siehe dort.

Bestimmung. Im Aquarium schwankt der pH-Wert im Tagesrhythmus, weil die Pflanzen bekanntlich nur tagsüber assimilieren und somit der Gehalt an Kohlendioxid schwankt. Deshalb muß bei der pH-Bestimmung außerdem stets die Uhrzeit notiert werden (gleiches gilt für den Sauerstoff- und Kohlendioxidgehalt). Zur Bestimmung sind kolorimetrische und elektrische Verfahren gebräuchlich.

Kolorimetrisch. Mit Farbindikatoren läßt sich der pH-Wert leicht bestimmen. Für die Aquaristik sind nur pH-Indikatoren in Tropfenform geeignet. Indikator-Papierstreifen sind absolut unbrauchbar, denn sie enthalten im Verhältnis zur winzigen Wassermenge, die das Papier durchfeuchtet, sehr viel pH-Indikator, dessen Eigen-pH-Wert das Meßergebnis erheblich verfälscht. Auch auf „nichtblutende“ Indikatorstäbchen ist nur beschränkt Verlaß.

Zur pH-Bestimmung tropft man einen Farbindikator in die Wasserprobe. Nach Umschütteln werden die entstandene Färbung mit einer Farbskala verglichen und der pH-Wert abgelesen. – Die vorgeschriebene Menge der Wasserprobe und die Tropfenanzahl müssen genau eingehalten werden, sonst erhält man andere Farbtöne und damit falsche Meßergebnisse.

Hinweis: Probegefäß beim Umschütteln nicht mit Daumen o.ä. verschließen! Schweiß enthält Säuren, die das Meßergebnis verfälschen können.

Einfache Farbindikatoren zeigen nur zwei Farben, z. B. gelb bei niedrigen und blau bei hohen pH-Werten, wobei im Übergangsbereich grüne Mischfarben auftreten; der Meßumfang beträgt etwa 1,5 pH. – Sogenannte Mischindikatoren enthalten mehrere Einzelindikatoren; je nach Rezept haben sie einen Meßumfang von z. B. 5 pH-Einheiten und durchlaufen dabei drei, vier oder mehr Farben.

Die Skala mit den Vergleichsfarben sollte nicht gröber als 0,5 pH abgestuft sein, dann lassen sich Zwischenwerte von 0,25 pH schätzen. Das genügt für normale aquaristische Zwecke. – Für hohe Ansprüche sind im Laborhandel kolorimetrische pH-Komparatoren erhältlich; sie erlauben auch in schwach gefärbten Wässern Messungen mit 0,2 pH Genauigkeit, Zwischenwerte von 0,1 pH lassen sich leicht schätzen.

Der Farbvergleich muß bei Tageslicht durchgeführt werden, sonst sind erhebliche Ablesefehler möglich! Notfalls kann Glühlampenlicht mit Blaufilter benutzt werden, wie im Kapitel „Richtiges Analysieren“ beschrieben. Dringend gewarnt sei vor dem Licht von Leuchtstofflampen!

Flüssige Farbindikatoren messen einwandfrei, sofern der Gesamtsalzgehalt des Wassers etwa 100 bis 700 μS/cm beträgt. In extrem salzreichen (harten) und salzarmen (weichen) Wässern sind Farbindikatoren jedoch unbrauchbar. So sind z. B. bei extrem weichen Wässern, wie sie häufig in den Tropen vorkommen, Meßfehler von 2 oder gar 3 pH-Einheiten die Regel!

Die meisten flüssigen pH-Farbindikatoren sind jahrelang haltbar.

Elektrometrisch. Elektrische pH-Meter erreichen die höchstmögliche Meßgenauigkeit, sie müssen jedoch mit Eichlösungen (sog. pH-Pufferlösungen) regelmäßig kontrolliert und nötigenfalls nachgestellt werden. Messungen in trüben oder gefärbten Wässern gelingen problemlos.

Arbeitsprinzip: In die Wasserprobe tauchen eine Bezugselektrode mit konstantem Potential, sowie eine Meßelektrode, deren Potential sich je nach pH-Wert ändert. Die Differenz der Potentiale ist Maß für den pH-Wert. – Beide Elektroden können kombiniert sein zu einer „Einstab-Elektrode“; das erleichtert die Handhabung.

Als Meßelektrode dienen heute fast ausschließlich sogenannte Glaselektroden. Ihr Potential steigt je pH-Einheit um etwa 59 mV (bei 25 °C). Das Potential ist äußerst leistungsschwach; es muß im elektrischen pH-Meter erst einem Verstärker mit extrem hohem Eingangswiderstand (10^{12} Ohm) zugeführt werden, ehe es analog oder digital angezeigt werden kann.

Alle Elektroden müssen bei Nichtgebrauch feucht aufbewahrt werden, hierzu schreiben die Hersteller meist eine 3-molare Kaliumchloridlösung vor. In dieser Lösung werden Glaselektroden optimal „konditioniert“, d. h. sie haben später beim Messen relativ kurze Einstellzeiten von nur 1 bis 2 Minuten.

In elektrolytarmen Wässern unter etwa 30 μS/cm (Tropenwässer unter 1 °d GH!) zeigt auch die elektrische pH-Messung Probleme: Grundsätzlich muß mit Meßfehlern von 0,1 bis 0,2 pH-Einheiten gerechnet werden; außerdem stellen sich die pH-Elektroden nur sehr langsam ein auf den richtigen Meßwert, wodurch u. U. noch größere Meßfehler entstehen. Zur Abhilfe gibt man zu 100 ml Wasserprobe etwa 3 ml einer 3-molaren KCl-Lösung, wie sie zum Aufbewahren der Elektroden verwendet wird. Dadurch ändert sich der pH-Wert in der Wasserprobe praktisch nicht, aber die Einstellzeit verkürzt sich erheblich, so daß nach längstens fünf Minuten verläßlich reproduzierbare Meßwerte angezeigt werden.

Bei guten Wassertests ist die Farbskala sauber und klar abgestuft.

Ein prächtiges Exemplar von Pterophyllum altum. Das Tier wurde gefangen in den sumpfigen Randgebieten des Rio Negros bei Barcelos. Der Skalar ist jedoch kein Schwarzwasserfisch, denn diese Fanggebiete führen vielfach kein Schwarzwasser, sondern relativ salzarmes Klarwasser.

Diskusfische, die Könige des Süßwasseraquariums, stellen hohe Ansprüche an die Wasserzusammensetzung. Besonders bei ihrer Nachzucht ist salzarmes, leicht saures Wasser bedeutungsvoll. Diskusliebhaber müssen immer wieder das Aquarienwasser aufbereiten.

In den Tropen messen elektrische pH-Meter häufig falsch, weil die Isolation im Meßverstärker durch die hohe Luftfeuchtigkeit beeinträchtigt worden ist. Das geschieht unbemerkt! Möglichkeiten zur Prüfung und Beseitigung des Fehlers auch unter tropischen Feldbedingungen siehe bei KRAUSE (1988).

Digitale pH-Meter zeigen zwar auf 0,01 oder sogar 0,001 pH an, die Meßgenauigkeit erreicht in der Aquarienpraxis jedoch nur etwa 0,1 pH. Das reicht völlig aus! Man wartet beim Messen, ohne die Elektrode zu bewegen, bis die letzte Stelle der Anzeige zur Ruhe gekommen ist, und liest dann auf 0,1 pH ab.

Der Kauf eines elektrischen pH-Meters lohnt nicht immer, denn sein Preis ist im Vergleich zu guten pH-Farbindikatoren sehr hoch. Außerdem verschleißt die Meßelektrode und muß nach einigen Jahren erneuert werden; ihre Kosten betragen etwa 1/3 des Preises für das vollständige pH-Meter. Verbrauchte Elektroden erkennt man daran, daß sich das pH-Meter nur noch sehr langsam auf den Meßwert einstellt oder kein einwandfreier Abgleich möglich ist.

Prüfung. Bei Farbindikatoren möglich durch Vergleich mit einem elektrischen pH-Meter, in der Praxis jedoch selten erforderlich; verdorbene Farbindikatoren zeigen häufig schmutzige Farben, die sich keinem Wert in der Farbskala zuordnen lassen.

Elektrische pH-Meter müssen nach Gebrauchsanweisung regelmäßig mit pH-Pufferlösungen kontrolliert und nötigenfalls abgeglichen werden. Die Pufferlösungen werden durch den Gebrauch zwangsläufig verunreinigt und dürfen deshalb keinesfalls wieder in die Vorratsflaschen zurückgegossen werden.

Grenzwerte. Alle pH-Werte können nur im Zusammenhang mit Carbonathärte und CO_2-Gehalt beurteilt werden! Dabei hilft die „Rechentafel KH-CO_2-pH“.

Als grober Anhalt sollte in Süßwasseraquarien der pH-Wert zwischen 6,8 und 7,2 betragen. Liegt die Carbonathärte unter 4 °d, darf der pH-Wert etwas tiefer sein. Bei pH-Werten über 7,5 leiden die Wasserpflanzen wahrscheinlich an CO_2-Mangel (Prüfen!).

Bei pH-Werten über 7,0 muß außerdem der Gehalt an Ammonium bzw. Ammoniak kontrolliert werden (siehe dort).

Erhöhen. Bei Wässern mit mindestens 2 °d KH selten erforderlich, denn die Bildner der Carbonathärte wirken als alkalische Komponente. Nötigenfalls überflüssiges Kohlendioxid durch kräftige Wasserumwälzung austreiben. Bei Pflanzenaquarien muß aber auf die Bedürfnisse der Wasserpflanzen Rücksicht genommen werden; Näheres hierzu siehe unter „Kohlendioxid“.

Bei der Massentierhaltung in extrem salzarmen Wässern, wie z. B. Diskus-Zuchten, sinkt oftmals der pH-Wert unerwünscht tief ab und läßt sich auch durch kräftiges Belüften nicht anheben. (Beachte: Völlig entsalztes Wasser erhält durch Einwirken von CO_2 aus der Luft etwa pH 5,3!). Wesentliche Ursache für das Absinken des pH-Wertes sind Anhäufungen saurer Stoffwechselprodukte. Diese könnten zwar chemisch neutralisiert werden, z. B. durch die Zugabe von „pH-Plus“-Präparaten (Na_2CO_3,

$NaHCO_3$ usw.), aber solche Maßnahmen erhöhen zwangsläufig auch den Salzgehalt des Wassers. Und damit wird das angestrebte salzarme Zuchtwasser hinfällig! Die einzig richtige Maßnahme ist daher: Entfernen der sauren Stoffwechselprodukte durch Wasserwechsel.

Senken. Grundsätzlich gilt: Je geringer die Carbonathärte des Wassers, desto leichter läßt sich der pH-Wert senken!

Zugaben von Mineralsäuren (Salzsäure, Phosphorsäure usw.) oder „pH-Minus"-Präparaten (NaH_2PO_3, $KHSO_4$, Kaliumhydrogenphthalat usw.) sind aquaristische Kunstfehler und daher unbedingt abzulehnen! In natürlichen Gewässern kommen diese Stoffe in derartigen Mengen nicht vor, d. h. die Aquarienbewohner sind daran überhaupt nicht gewöhnt. Außerdem zerstören insbesondere die Mineralsäuren das natürliche (!) pH-Puffersystem KH-CO_2, wodurch der pH-Wert sehr labil wird und leicht außer Kontrolle geraten kann, siehe hierzu auch im Kapitel „Carbonathärte". – Zur Erinnerung: Der pH-Wert selbst ist physiologisch nicht allein entscheidend, sondern vor allem die Stoffe, durch die er gebildet wird!

Aquaristisch geeignet sind zwei Verfahren, nämlich Filtern über Torf oder Erhöhen des CO_2-Gehaltes. Beide Verfahren benutzt prinzipiell auch die Natur!

Torffilterung. Beim Filtern über Torf werden außer dem pH-Wert auch die Gesamt- und Carbonathärte gesenkt. Die notwendige Torfmenge muß durch Probieren ermittelt werden, denn Torf ist ein Naturprodukt, und seine Eigenschaften können daher in weiten Grenzen schwanken. Näheres siehe im Kapitel „Torffilter".

Erhöhen des CO_2-Gehaltes. Das Kohlendioxid (CO_2) ist notwendiger Bestandteil in jedem Aquarienwasser, denn zum einen ist CO_2 der wichtigste Pflanzennährstoff überhaupt, und zum anderen bildet es mit der Carbonathärte (KH) ein wichtiges, natürliches pH-Puffersystem. Die pH-senkende Wirkung des CO_2 ist um so größer, je geringer die Carbonathärte (KH) des Wassers ist. Die je nach KH notwendige CO_2-Menge kann leicht abgelesen werden aus der „Rechentafel KH-CO_2-pH" (siehe dort).

Literatur

GEISLER, R. und ANNIBAL, R. (1984): Ökologie des Cardinal-Tetra Paracheirodon axelrodi im Stromgebiet des Rio Negro/ Brasilien sowie zuchtrelevante Faktoren. Amazoniana IX, Seite 53-86, Kiel.

KRAUSE, H.-J. (1988): Wasseranalysen in den Tropen und ihre Tücken. DATZ 41, Seite 41-43 und 138-140, Reimar Hobbing Verlag.

PUTZIEN, J. (1989): pH-Fibel, Einführung in die pH- und Redox-Meßtechnik. Herausgeber: Wissenschaftlich-Technische Werkstätten GmbH (WTW), Weilheim.

RÖMER, W.(1987): Paracheirodon axelrodi: Ein Unkraut Amazoniens? DATZ 40, Seite 535, Reimar Hobbing Verlag.

RUBIN, D.A. (1985): PH and Fish Sex Ratios. Copeia.

WERNER, U. (1986): pH-Wert und Geschlechterverteilung bei Fischen. Aquarien- Magazin 20, Seite 159. (Übersetzung einer Kurzmeldung in „Tropical Fish Hobbyist" 8/1985 Seite 67. Neptun City, USA).

19. Phosphat PO_4^{3-}

Bedeutung. Phosphorverbindungen sind unentbehrlich für alle Tiere und Pflanzen. Sie benötigen es z. B. zur Synthese von ATP (Adenosintriphosphat). ATP ist ein lebenswichtiger, biochemischer Energiespeicher; ein Gramm ATP beinhaltet 60 Joule. An beliebiger Stelle im Organismus kann ATP rasch umgesetzt werden zur Freigabe der gespeicherten Energie, so z. B. in Tieren bei der Muskelarbeit oder in Pflanzen beim Aufbau der Glucose.

Tiere verwerten sowohl organische als auch anorganische Phosphorverbindungen aus der Nahrung. Der Tagesbedarf liegt bei etwa 0,03 mg Phosphat pro Gramm Körpergewicht. Wirbeltiere benötigen Phosphat nicht nur bei der Synthese von ATP, sondern z. B. auch von Lecithin, einem lebenswichtigen Phosphatid in Eidotter und Gehirn. Knochen und Fischgräten bestehen etwa zur Hälfte aus Calciumphosphat. Das Fleisch der Fische enthält etwa 0,2 % Phosphor chemisch gebunden.

Pflanzen nehmen das Phosphat (PO_4^{3-}) auch in der Hydrogen- oder Dihydrogenform auf (HPO_4^{2-}, $H_2PO_4^-$). Bereits 0,001 bis 0,02 mg/l Phosphat im Wasser genügen den meisten Pflanzen, denn sie können es intern bis zu 1000-fach anreichern. Außerdem sind sie in der Lage, in Zeiten des Überangebotes einen Notvorrat an Phosphat zu speichern. Wurzelnde Pflanzen nehmen Phosphat auch aus dem Bodengrund auf. Innerhalb der Pflanzen ist die wichtigste Phosphorverbindung – nach ATP – das Phytin, ein Ausgangsstoff für viele kompliziertere Verbindungen. Die Trockenmasse von Pflanzen enthält etwa 1 % Phosphor chemisch gebunden.

In nicht verunreinigten Seen und Flüssen liegt der Phosphatgehalt bei nur etwa 0,005 bis 0,1 mg/l PO_4^{3-}, denn Phosphate werden vom Boden leicht gebunden.

Aquarienwasser enthält regelmäßig wesentlich mehr Phosphat. Die Hauptquelle ist das Fischfutter und die daraus entstehenden Verdauungsprodukte. Aber auch ungeeignete Pflanzendünger können den Phosphatgehalt steigern. Dünger für Aquarienpflanzen sollten grundsätzlich phosphatfrei sein, weil genügende Phosphatmengen durch das Futter eingebracht werden.

Hohe Phosphatgehalte im Aquarienwasser gelten landläufig als Ursache für Algenplagen, und zwar insbesondere für die Massenentwicklung von Blaualgen (Cyanophyten, „Schmieralgen"). Die Aquarienpraxis zeigt aber, daß Blaualgen durch Senken des Phosphatgehaltes kaum bekämpft werden können. Der Grund: Es gibt rund 2000 verschiedene Arten von Blaualgen; sie sind sowohl in nährstoffreichen (eutrophierten) Gewässern wie auch in nährstoffarmen Klarwasserseen anzutreffen. Daraus folgt, daß im Aquarium Blaualgen nicht grundsätzlich als Verschmutzungs-Indikator angesehen werden können.

In vielen Häusern sind Phosphat-Dosieranlagen installiert, die dem Leitungswasser ständig Polyphosphate zugeben; dadurch soll das Rohrnetz vor Korrosion und Kesselsteinbildung geschützt werden. Laut Trinkwasserverordnung sind in der BRD bis zu umgerechnet 6,7 mg/l PO_4^{3-} zulässig. Aus aquaristischer Sicht ist das extrem hoch! In solchen Fällen erkläre man dem Hauseigentümer die Probleme und bitte um die Erlaubnis, das Aquarienwasser ausnahmsweise im Keller vor der Phosphat-Anlage zapfen zu dürfen. In einigen Häusern wird vernünftigerweise nur das Wasser für die zentrale Heißwasserbereitung phosphatiert, dann kann man einwandfreies Wasser aus der Kaltwasserleitung zapfen. – Einfache Verfahren, um das zugesetzte Polyphosphat wieder zu entfernen, gibt es nicht!

Messung. Grundlage der meisten Phosphattests ist die Molybdänblau-Reaktion. Phosphat-Ionen PO_4^{3-} reagieren mit Isopolymolybdänsäure in schwefelsaurer Lösung zu Phosphormolybdänsäure, die dann z. B. mit Zinn(II)chlorid reduziert wird zum Molybdänblau. Die Farbtiefe ist Maß für die Phosphatkonzentration.

Neben PO_4^{3-} kommt das Phosphat auch vor zum Beispiel als Hydrogenphosphat (HPO_4^{2-}), Dihydrogenphosphat ($H_2PO_4^-$), kettenförmiges Polyphosphat usw. Vor der Messung müssen diese Verbindungen durch geeignete Aufschlußmittel in PO_4^{3-}-Ionen übergeführt werden. Der Aufschluß eines Phosphattestes ist ungenügend, wenn die Reaktionsfarbe nach einigen Stunden noch intensiver wird. Das Ergebnis wird stets umgerechnet als PO_4^{3-}-Phosphat angegeben.

Achtung: Beim Umschütteln der Wasserprobe das Reagenzglas nicht mit Daumen oder Handballen verschließen! Schweiß enthält Phosphate, dadurch können erhebliche Meßfehler entstehen.

Die Lagerfähigkeit eines Phosphattests hängt erstrangig ab von der Haltbarkeit des Reduktionsmittels. Pulvrige Substanzen sind meist haltbarer als flüssige. Die Reagenzien sollten dicht verschlossen und möglichst im Kühlschrank lagern!

Aquaristisch geeignete Phosphattests sollten noch 0,1 mg/l nachweisen können.

Prüfung. Es werden 0,143 g Kaliumdihydrogenphosphat (KH_2PO_4) in 500 ml Wasser gelöst. Nach Verdünnung 1:200 erhält man eine Prüflösung mit 1,0 mg/l PO_4 -Ionen.

Orientierende Schnellprüfung auf Funktion: Mit einem Messer über die Handfläche schaben, Hautschweiß entnehmen und Klinge in der Wasserprobe abspülen. Schweiß enthält regelmäßig größere Mengen an Phosphaten.

Grenzwerte. Bei weniger als 0,02 mg/l Phosphat kann die Versorgung einiger Wasserpflanzen ins Stocken geraten. Dieser untere Grenzwert spielt aquaristisch keine Rolle, weil Aquarien üblicherweise die zehnfache Menge enthalten. – Höhere PO_4 -Konzentrationen wirken zwar nicht unbedingt giftig, doch sollten im Aquarium 0,5 mg/l nicht überschritten werden, weil sonst eine Massenentwicklung von Plankton nicht ausgeschlossen werden kann.

Erhöhen. Unerwünscht.

Senken. Wasserwechsel. Steigt der PO_4 -Gehalt schnell wieder hoch an, werden ungeeignete Pflanzendünger verwendet, oder das Aquarium ist mit Fischen überbesetzt.

20. Redoxspannung

Bedeutung. Die Redoxspannung (früher: Redoxpotential) und ihre aquaristische Bedeutung behandeln sehr ausführlich HOHL und SCHÖNE (1977) sowie HÜCKSTEDT (1973, 1975). Streng wissenschaftliche Untersuchungen über Redoxprozesse sowie Zustandsdiagramme zahlreicher Redoxreaktionen sind zu finden bei STUMM und MORGAN (1981).

In natürlichen Wässern wie auch im Aquarienwasser wird die Redoxspannung geprägt durch viele gleichzeitig ablaufende Redoxprozesse. Die Höhe der Redoxspannung erlaubt Rückschlüsse zum Beispiel über den Stand der Oxidation von Ammonium über Nitrit zum Nitrat oder über die Umwandlung des zweiwertigen Eisens in seine dreiwertige Form. Einige Redoxreaktionen und ihre Normalspannungen zeigt die Tabelle.

Einige Redoxreaktionen molarer Lösungen oxidierte Form ⟷ reduzierte Form	Normal-Spannung (Volt)
$SO_4^{2-} + 2H^+ + 4e \longleftrightarrow SO_3^{2-} + H_2O$	−0,096
$2H^+ + 2e \longleftrightarrow H_2$	0,000
$Cu^{2+} + e \longleftrightarrow Cu^+$	+0,159
$NO_2^- + 8H^+ + 6e \longleftrightarrow NH_4^+ + 2H_2O$	+0,764
$Fe^{3+} + e \longleftrightarrow Fe^{2+}$	+0,783
$NO_3^- + 2H^+ + 2e \longleftrightarrow NO_2^- + H_2O$	+0,834
$O_2 + 4H^+ + 4e \longleftrightarrow 2H_2O$	+1,229
$H_2O_2 + 2H^+ + 2e \longleftrightarrow 2H_2O$	+1,774
$O_3 + 2H^+ + 2e \longleftrightarrow O_2 + H_2O$	+2,074

Die in der Tabelle angegebenen Redoxspannungen sind „Normal"-Spannungen. Sie gelten nur unter normierten Laborbedingungen. Für Aquarienwässer können sie nicht übernommen werden, denn bei abweichender Konzentration oder in Gegenwart weiterer Stoffe ergeben sich andere Redoxspannungen. Grundsätzlich kann aber der Tabelle entnommen werden, daß z. B. Ozon (O_3) ein stärkeres Oxidationsmittel ist als Wasserstoffperoxid (H_2O_2), oder daß die Umwandlung von Ammonium (NH_4) in Nitrit (NO_2) bei einer niedrigeren Redoxspannung erfolgt als jene von Nitrit (NO_2) in Nitrat (NO_3).

Den in natürlichen Gewässern typischen Zusammenhang zwischen der Redoxspannung und einigen Wasserinhaltsstoffen zeigt Bild C20.1.

Hohe Redoxspannungen sind typisch für Gewässer, die im hygienischen Sinne sauber sind, also kaum organische Verbindungen und Nährstoffe enthalten. Manche Aquarianer streben möglichst hohe Redoxspannungen an, um ihren Fischen „sauberes" Wasser anzubieten. Dabei wird jedoch nicht berücksichtigt, daß in den Heimat-Biotopen der meisten Aquarienfische derart hohe Redoxspannungen üblicherweise nicht vorkommen. Außerdem ist für die Gesundheit der Fische ein Mindestgehalt an organischen Ver-

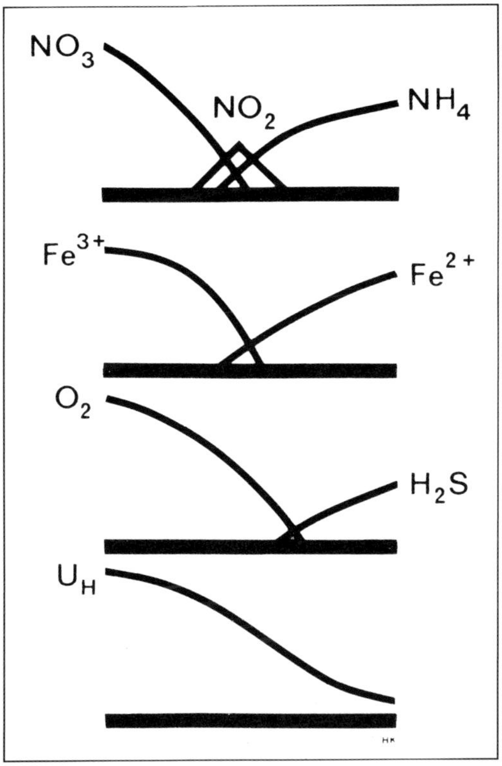

Bild C20.1: Typischer Zusammenhang zwischen der Redoxspannung und einigen Wasserinhaltsstoffen in natürlichen Gewässern. Der weitgehend ähnliche Verlauf von Redoxspannung U_H und Sauerstoffgehalt O_2 fällt besonders auf. Nach UHLMANN (1988), auszugsweise umgezeichnet.

bindungen (siehe dort) unbedingt notwendig.

Gewässer mit niedriger Redoxspannung dagegen sind regelmäßig nährstoffreich. Jahrzehntelange Untersuchungen des Verfassers an natürlichen Biotopen und an Aquarien haben bewiesen: Bei nur mäßig hoher Redoxspannung wachsen die Wasserpflanzen wesentlich besser. Die Zusammenhänge erläutert umfassend KRAUSE (1988 a, 1988 b).

In Aquarien mit nur mäßig hoher Redoxspannung bleibt der Nitratgehalt auffallend niedrig. Zum einen verläuft die Oxidation des Ammoniums zum Nitrat deutlich träger. Außerdem entstehen im Boden leichter Reduktionszonen, in denen Nitrat denitrifiziert werden kann zu flüchtigen Stickstoffgasen (siehe „Nitrat"). Der aquaristische Nutzen von Reduktionszonen im Boden wird nur selten voll erkannt; fast stets unterstützen sie biologisch sehr wertvolle Umwandlungsprozesse!

Bei der biologischen Bewertung der Redoxspannung wird meistens nicht beachtet:

Stoffe mit niedrigem Redoxniveau haben (bio-)chemisch gesehen ein hohes Energiepotential! – Ansteigendes Redoxniveau, also zunehmende Oxidation z. B. durch O_2-Aufnahme, bedeutet sinkendes Energiepotential!

Zum besseren Verständnis ein Beispiel: Der tierische Organismus nimmt Nahrung auf und oxidiert („verbrennt") sie unter Aufnahme von Sauerstoff. Hieraus gewinnt der Organismus seine Lebensenergie. Nach der Oxidation ist das Redoxniveau der ehemaligen Nahrung höher; sie ist nun – weil ihre biochemische Energie entzogen wurde – für den Organismus wertlos geworden und wird ausgeschieden!

Messung. Es sind etwa 30 Redox-Farbindikatoren bekannt, keiner davon ist für die Aquaristik geeignet. Sie arbeiten entweder viel zu träge (z. B. Fe-Bipyridin), oder sie reagieren in einem aquaristisch unwichtigen Bereich (z. B. Methylenblau).

Für die Aquaristik kommt allein die elektrische Redoxmessung in Betracht. Meßprinzip: Eine Platin- und eine Bezugselektrode tauchen in das Wasser ein; die zwischen beiden entstehende Spannung wird angezeigt.

Es ist äußerst schwierig, wirklich verläßliche Meßergebnisse im Aquarienwasser zu erzielen, denn das Wasser enthält die redoxaktiven Substanzen nur in sehr starker Verdünnung. Deshalb kann sich die Redoxspannung an der Platinelektrode nur sehr langsam aufbauen und bleibt sehr labil.

Die Platinelektrode muß vor jeder Messung äußerst sorgfältig gereinigt und vorbereitet werden. Hierfür wurden zahlreiche Rezepte veröffentlicht (BÜHLER 1982, HÜCKSTEDT 1973 und 1975, KRAUSE 1972 usw.), sie sind ausnahmslos umstritten. Nach den Deutschen Einheitsverfahren (DIN 38404 Teil 6) kann man die Platinelektrode wie folgt vorbehandeln:

1. Entfetten und reinigen mit einem Haushaltsputzmittel ohne stark scheuernde Wirkung.
2. Spülen mit destilliertem Wasser.
3. Behandeln mit etwa 25%iger Salzsäure „zur Analyse".
4. Spülen mit destilliertem Wasser.
5. Tauchbad 5 min. in etwa 1%iger Eisen(II)sulfatlösung „zur Analyse".
6. Spülen mit destilliertem Wasser.

Anschließend muß die Elektrode sofort in das zu messende Wasser eingetaucht werden. Nach richtiger Vorbehandlung stellt sich innerhalb etwa 15 Minuten eine praktisch konstante Spannung ein, die als Meßergebnis abgelesen wird.

Die Spannung an der Platinelektrode baut sich auf durch Austausch von Elektronen mit den redoxaktiven Substanzen, diese ändern dabei zwangsläufig ihren Status. Deshalb muß die Elektrode während der Messung bewegt oder angeströmt werden, sonst erhält man ein falsches Meßergebnis.

Die gemessene Spannung hängt neben der Redoxspannung auch vom pH-Wert ab, dieser muß deshalb zusätzlich bestimmt und mit angegeben werden. Das erschwert den Vergleich verschiedener Meßergebnisse ganz erheblich! Die früher übliche Errechnung eines „rH-Wertes" aus Meßergebnis und pH-Wert ist fehlerhaft und deshalb nicht zulässig, siehe z. B. BÜHLER (1982). Jedoch erscheint es vertretbar, bei pH-Differenzen bis zu etwa ± 1,0 pH umzurechnen auf den Meßwert bei pH 7,0. Dabei hilft die Formel auf Seite 87 oben.

Als Bezugselektrode wird üblicherweise eine Kalomel- oder eine Silberchlorid-Elektrode benutzt. Deren Bezugsspannung muß bei der Angabe des Meßergebnisses unbedingt berücksichtigt werden. In der Aquaristik entstehen oft harte Diskussionen über Redoxmessungen, die sich nur scheinbar widersprechen, weil weder die Bezugselektrode angegeben noch auf die Standard-Wasserstoffelektrode umgerechnet worden ist.

Folgende Formel hilft bei der korrekten und unmißverständlichen Angabe der Redoxspannung U_H (der Index „H" weist hin auf die Standard-Wasserstoffelektrode als Bezug):

Redoxspannung U_H
$$U_H = U_G + U_B + 60(pH - 7)$$
U_H = Redoxspannung (mV) U_G = gemessene Spannung U_B = Spannung der Bezugselektrode (s. Tabelle) pH = gemessener pH-Wert

Häufigste Meßfehler.

- Ungeeigneter Meßverstärker: Der Eingangswiderstand muß mindestens 10^{12} Ohm betragen, sonst werden die Elektroden polarisiert und zu niedrige Werte gemessen. – Der Meßverstärker kann folgendermaßen geprüft werden: Bei einer Redoxmessung stabile Anzeige abwarten, Wert notieren. Dann Elektrodenstecker herausziehen und nach etwa 15 Minuten wieder einstekken. Wenn dann die Anzeige wesentlich höher ist und minutenschnell wieder zum alten Wert absinkt, ist der Meßverstärker zu niederohmig und daher nicht geeignet.
- Unsaubere Platinelektrode: Die Anzeige kann beliebig über oder unter dem richtigen Meßwert liegen. Ich benutze ausschließlich stiftförmige Elektroden; diese können am verläßlichsten gereinigt werden, nötigenfalls durch Schmirgeln. Am schwierigsten lassen sich die Ringelektroden der Kombi-Elektroden behandeln, sie haben kaum zugängliche Schmutzecken.
- Dauermessung: Bleibt die Elektrode ständig im Aquarium, wird sie (wie jeder Gegenstand im Aquarium) rasch von Mikroben, Algen usw. besiedelt. Unter diesem biologischen Rasen zeigt sie dann – wenn auch stabil – alles Mögliche an, nur nicht die Redoxspannung des Aquarienwassers!
- Messung in einer Wasserprobe: Die Messung muß direkt im untersuchten Biotop erfolgen. In einer herausgeschöpften Wasserprobe verändert sich die Redoxspannung völlig unkontrolliert! Sie kann z. B. über mehrere Stunden hinweg langsam ansteigen, weil allmählich Luftsauerstoff eindringt; anschließend kann sie auch wieder sinken, weil durch den erhöhten O_2-Gehalt organische Stoffe aufgeschlossen wurden. Deshalb schreiben die Deutschen Einheitsverfahren (DIN 38404 Teil 6) zwingend vor, daß Redox-

Spannungen einiger Bezugselektroden U_B in mV

°C	$Hg/Hg_2Cl_2/KCl$ gesättigt	Ag/AgCl/KCl 1 mol/l	3 mol/l	3,5 mol/l	gesättigt
15	251	242	214	212	207
20	248	239	211	208	202
25	244	236	207	204	197
30	241	233	203	200	192
35	238	230	200	195	187

Ein kleiner Bach in Thailand mit herrlichen Beständen von Cryptocoryne cordata vom Wuchstyp blassii. Das Wasser hat eine Leitfähigkeit von nur 25 μS/cm. Die geringe Leitfähigkeit ist kein Muß für diese Cryptocorynen. Mitgebrachte Pflanzen wuchsen im Aquarium auch bei 600 μS/cm und etwa 18 °d GH sehr gut weiter.

Eine Wasserstelle im Zentralgebirge von Sri Lanka, aus der Röhren herausführen zur Wasserversorgung eines Dorfes. Die Schüttung der Quelle ist so kräftig, daß der Sand im Vordergrund rechts wild aufquirlt. Ein dichter Bestand von Cryptocoryne beckettii säumt die Quelle und zeugt von einem gesunden Wuchsklima. Das Wasser hat einen Sauerstoffgehalt von nur 2,5 mg/l, ein für solche üppigen Pflanzenbiotope typischer Wert. Wasseranalysen im Teil E, Sri Lanka Madawela.

Ein üppiges Pflanzenbiotop im tiefen Regenwald Süd-Thailands, in dem auch Cryptocorynen und die so begehrte Barclaya longifolia prächtig gedeihen. Wasseranalysen im Teil E, Süd-Thailand Ban Lam Kaen.

Ein sonniges Pflanzenbiotop in Süd-Thailand mit Limnophila spec. und rosa blühenden Utricularia spec. Trotz der hellen, sonnigen Lage ist der Sauerstoffgehalt des Wassers erstaunlich niedrig (4 mg/l); eine Beobachtung, die in reichhaltigen Pflanzengewässern geradezu typisch ist. Wasseranalysen im Teil E, Süd-Thailand Klong Hin Noi.

messungen in einem Durchlaufgefäß unter Luftabschluß vorgenommen werden müssen.

- Katalyse: Platin ist ein sehr guter Katalysator. Es löst des öfteren unerwünschte Prozesse aus, die an der Elektrode eine andere Spannung aufbauen, als es der Redoxspannung im Wasser entspricht. Solche Fälle können passieren z. B. nach Zusatz von Wasserstoffperoxid; Wege zur Abhilfe sind nicht bekannt. – Goldelektroden als Alternative zeigen diesen Fehler nicht; jedoch stellen sie sich nur unendlich langsam ein (Faktor 10^{13}!), sie sind deshalb in der Aquaristik und Limnologie absolut unbrauchbar.

Hinweis. Es ist schwierig, wirklich verläßliche Meßergebnisse im Süßwasser-Aquarium zu erhalten. Methodische Meßfehler werden von vielen Untersuchern erst nach Monaten, Jahren oder überhaupt nicht erkannt! – Die Meßpraxis über viele Jahrzehnte hat bei mir erwiesen (sofern nicht gerade starke Redoxsubstanzen, z. B. Ozon, zugegeben worden sind): In den meisten Gewässern und Aquarien wird die Redoxspannung hauptsächlich geprägt vom Sauerstoffgehalt des Wassers. Warum? Unter natürlichen Bedingungen sind die redoxaktiven Substanzen derart stark verdünnt, daß sie nur ein sehr labiles Potential bilden können. Hauptwirksames Agens ist der relativ konzentriert anwesende Sauerstoff. Deshalb ist es nur eine Frage der Zeit, bis sich die Redoxprozesse und damit die Redoxspannung entsprechend dem gegenwärtigen Sauerstoffgehalt eingestellt haben. In der normalen Aquarienpraxis sind durch Messen des O_2-Gehaltes sehr gute Rückschlüsse möglich auf die Redoxspannung im Aquarienwasser (KRAUSE 1988 b)!

Auch die Analysen der Stickstoff-Komponenten erlauben sehr gute Rückschlüsse: Ein niedriges Verhältnis NO_3^-/NH_4^+ und/oder das Auftreten nennenswerter Mengen an Nitrit (NO_2^-) weisen auf eine niedrige Redoxspannung hin und umgekehrt.

Prüfung. DIN 38404/6 gibt eine Prüflösung an, bestehend aus einem Redoxpuffer und einem pH-Puffer. Die Lösung hat bei 25 °C eine Redoxspannung U_H = 427 mV und einen pH-Wert von 7,00. Sie wird am besten fertig bezogen z. B. von der Firma Ingold über den Laborhandel.

Grenzwerte. Die Aquarienliteratur enthält nur sehr spärliche Angaben; auf die meisten davon ist kaum wirklich Verlaß. – Nach eigenen Untersuchungen sollten im Aquarium U_H = 480 mV (pH 7) nicht überschritten werden, es muß sonst mit erheblichen Wuchsproblemen bei vielen Aquarienpflanzen gerechnet werden. Aquarien mit auffallend gutem Pflanzenwuchs haben Werte um U_H = 420 mV (pH 7) oder weniger. Tropische Biotope, die reichlich Pflanzen, aber auch Fische enthalten, fallen oft auf durch niedrige Redoxspannungen zwischen 350 und 410 mV bei pH 7 (KRAUSE, unveröffentlicht). Alle Angaben nach DIN und der Formel auf Seite 87 oben entsprechend!

Erhöhen. Jede Maßnahme, die den Sauerstoffgehalt im Wasser erhöht, erhöht mit einiger Zeitverzögerung auch die Redoxspannung. Sehr hohe Werte können erreicht werden durch Behandlung mit

Ozon (siehe dort); das ist aber für normale Anwendungen nicht zu empfehlen.

Senken. Jede Maßnahme, die den Sauerstoffgehalt im Wasser senkt, senkt nachfolgend auch die Redoxspannung. Organische Substanzen, wie z. B. Fischfutter, Moorkienholz, können die Redoxspannung senken infolge Sauerstoffzehrung bei Zersetzungsvorgängen. Aquariendünger senken die Redoxspannung, wenn sie Mineralien in reduzierter Form oder leicht oxidierbare Chelatoren enthalten.

Literatur

BÜHLER (1982): Redoxmessung, Grundlagen und Probleme. Fa. Ingold, Frankfurt.

DIN 38 404 Teil 6: Bestimmung der Redox-Spannung. Beuth-Verlag, Berlin 30.

HOHL und SCHÖNE (1977): Das Redoxpotential. Aquarien und Terrarien, Seiten 86-88, 120-121, 158-160. Urania, Leipzig.

HÜCKSTEDT, G. (1973): Kleine Anleitung zur Redoxmessung. Fa.Tunze, Penzberg.

HÜCKSTEDT, G. (1975): Redoxmessung in der Hydrobiologie und Pflanzenbiologie. Das Aquarium, Seiten 174-176, 223-226, 256. Philler Verlag, Minden.

PUTZIEN, J. (1989): pH-Fibel, Einführung in die pH- und Redox-Meßtechnik. Herausgeber: Wissenschaftlich-Technische Werkstätten GmbH (WTW), Weilheim.

KRAUSE, H.-J. (1972): Wie mißt man das Redoxpotential? Aquarien-Magazin 6, Seite 90-94. Franckh, Stuttgart.

KRAUSE, H.-J. (1988 a): Oxygen and its influence on the growth of aquarium-plants. Deuxiéme Congrés international d'aquariology, Institut Océanographique Monaco. (Deutsche Fassung beim Autor erhältlich.)

KRAUSE, H.-J. (1988 b): Wasserpflanzen – Wuchsklima und Sauerstoff. Teil II: Redoxspannung. Das Aquarium, Seite 611-614. Philler Verlag, Minden.

STUMM und MORGAN (1981): Aquatic Chemistry. Wiley & Sons, Chichester, New York

UHLMANN, D. (1988): Hydrobiologie. Gustav Fischer, Jena.

In dieser Region lebt der Rote Neon (Cheirodon axelrodi)! Mit schlanken Kanus erreichen die Fänger die seichten Uferzonen, wo sich die begehrten Roten Neons bevorzugt aufhalten. Zum Fang wird das „rapiché“ benutzt, ein flaches Netz mit etwa 60 cm Öffnung (das grüne Netz etwa in Bootsmitte). Es wird vorsichtig unter den Fischschwarm geschoben, bzw. der Schwarm behutsam darüber gescheucht. Dann wird das „rapiché“ schnell herausgehoben mit reicher Beute!

Bild C21.4: Bei häufigen Sauerstoffmessungen ist ein elektrisches O_2-Meßgerät sehr zu empfehlen, doch die Anschaffungskosten überschreiten normalerweise die Hobby-Kasse bei weitem. Von links nach rechts: Eichgefäß, Sauerstoffelektrode, Anzeigegerät.

21. Sauerstoff O_2

Bedeutung. Um Irrtümern vorzubeugen: Der im Wassermolekül H_2O chemisch gebundene Sauerstoff ist hier nicht gemeint, er kann biologisch nicht unmittelbar verwertet werden. Sondern hier geht es um den im Wasser gelösten, gasförmigen Sauerstoff, wie er auch in der Luft vorhanden ist und beispielsweise zur Atmung benötigt wird.

Sauerstoff ist ein unsichtbares, nichtbrennbares Gas, das aber die Verbrennung anderer Stoffe ermöglicht. Die normale Luft enthält praktisch konstant etwa 21 Vol.-% O_2. Sauerstoff wiegt 1,105 schwerer als Luft, nennenswerte biologische Folgen daraus sind nicht bekannt. Im Wasser kann der Sauerstoff sehr verschieden konzentriert sein.

Der Sauerstoff im Wasser spielt eine herausragende Rolle nicht nur bei der Atmung von Fischen, Pflanzen, Bakterien usw., sondern er beeinflußt auch den

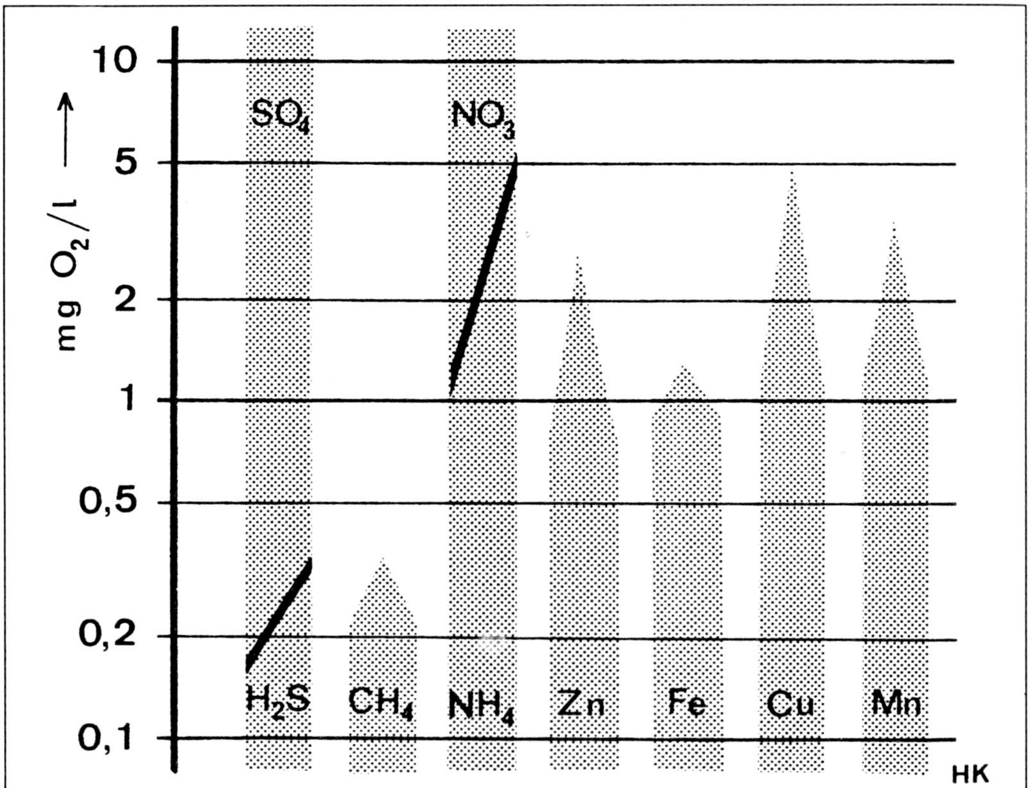

Bild C21.1: Viele Stoffe wandeln sich mit steigendem Sauerstoffgehalt im Wasser um. Einige werden dabei wasserunlöslich und fallen aus; sie sind dann nicht mehr im freien Wasser vorhanden! KRAUSE (1988 b).

Gehalt einiger Stoffe im Wasser. So sind eine Reihe von Stoffen je nach Oxidationsstufe wasserlöslich oder auch nicht. Das aquaristisch bekannteste Beispiel ist das Eisen-Ion: Es ist nur im zweiwertigen Zustand oder als Chelat wasserlöslich, dreiwertige Eisenverbindungen sind unter aquaristischen Bedingungen wasserunlöslich und fallen aus. Streng genommen handelt es sich dabei um Redoxprozesse, jedoch wird die Redoxspannung unter aquaristischen Bedingungen vom Sauerstoffgehalt des Wasser geprägt (siehe „Redoxspannung").

Das Bild links zeigt einige Stoffe, die sich je nach Sauerstoffgehalt umwandeln (KRAUSE 1988 b). Mehrere von ihnen werden mit steigendem O_2-Gehalt im Bereich von 1-5 mg/l wasserunlöslich und sind dann für Tiere und Pflanzen nicht mehr verfügbar. So wird verständlich, daß der Sauerstoffgehalt auch indirekt ganz wesentlich die biologischen Prozesse im Wasser beeinflußt!

Das Diagramm erklärt auch meine Entdeckung aus dem Jahre 1968, nach der Quellgebiete regelmäßig Paradiese sind für Unterwasserpflanzen. Grundwasserquellen sind sauerstoffarm und können daher reichlich Nährstoffe herantransportieren!

Sauerstoffquellen. Sauerstoff kann auf zwei Wegen in das Wasser gelangen:

1. durch die O_2-Produktion der Wasserpflanzen,

2. durch O_2-Aufnahme aus der Luft.

1. Die O_2-Produktion der Wasserpflanzen. – Mit Hilfe des Lichtes können Pflanzen aus verschiedenen Nährstoffen wertvolle organische Substanzen synthetisieren. Dieser als Photosynthese bekannte Prozeß hat grundlegende Bedeutung für das gesamte Leben auf der Erde und verläuft äußerst kompliziert! Stark vereinfacht betrachtet werden Kohlendioxid und Wasser unter Aufnahme von Lichtenergie (etwa 2848 kJ/mol) umgesetzt in Glucose (Zucker) und Sauerstoff nach folgender Gleichung:

$$6\,CO_2 + 6\,H_2O + \text{Lichtenergie} \rightarrow C_6H_{12}O_6 + 6\,O_2.$$

Der Sauerstoff findet hier keine weitere Verwendung. Er wird als Abfallprodukt über die Blätter in das Wasser abgegeben sowie auch über die Wurzeln in den Boden.

Sauerstoffaufnahme aus der Luft in Gramm pro m² Oberfläche und Tag
(nach RÜFFER 1969, auszugsweise)

	O_2-Sättigung 0%	20%	40%	60%	80%	100%
stehender Tümpel	1,5	1,2	0,9	0,6	0,3	0
strömender Fluß	10	8	6	4	2	0
Stromschnelle	50	40	30	20	10	0

Um eine Vorstellung von der photosynthetischen Leistung zu vermitteln, hier ein grober Richtwert: Unterwasserpflanzen liefern pro Lichtstunde ungefähr 1 mg O_2 je dm^2 Blattgröße. Diese Abmessungen hat z. B. eine 40 cm lange Vallisnerie mit 4 Blättern. Je nach Einzelfall sind ganz erhebliche Abweichungen möglich.

2. Die O_2-Aufnahme aus der Luft. – Wasser kann aus der Luft Sauerstoff aufnehmen (und auch abgeben, siehe weiter unten). Die O_2-Aufnahme erfolgt um so rascher, je weniger Sauerstoff das Wasser enthält und je stärker die Oberfläche bewegt wird (siehe Tabelle auf Seite 95).

Auch im Aquarium wird der Luftsauerstoff wesentlich schneller vom Wasser aufgenommen, wenn die Wasseroberfläche kräftig bewegt wird. Genau besehen wird dabei der Austausch aller Gase zwischen Atmosphäre und Wasser in beiden Richtungen gefördert; das kann z. B. beim Kohlendioxid zu unerwünschten Verlusten führen.

Sauerstoffverbraucher. Sauerstoff wird von allen Lebewesen im Aquarium verbraucht, also z. B. von Fischen, Bakterien und Pflanzen. Fische veratmen täglich etwa 10 bis 30 mg O_2 je 1 g Lebendgewicht (etwa Gewicht eines erwachsenen Roten Neon); je nach Art, Größe, Wassertemperatur usw. sind erhebliche Schwankungen möglich. Nach Untersuchungen von GEISLER (1969) in Amazonien an Salmern und Salmlerähnlichen besteht zwischen Körpergewicht und Sauerstoffverbrauch durch Atmung etwa folgende Beziehung (durch mathematische Umformung vereinfacht):

Sauerstoffverbrauch von Salmlern
$\mathbf{Q = 56{,}6 \times W^{0{,}76}}$
Q = O_2-Verbrauch in mg pro Tag, W = Körpergewicht in mg.

Die Formel zeigt auch, daß große Tiere zwar mehr Sauerstoff veratmen als kleinere, jedoch benötigt ein doppelt so schweres Tier nicht etwa die doppelte, sondern nur die 1,7fache Menge an Sauerstoff!

Weitere Sauerstoffverbraucher sind die zahlreichen Mikroorganismen im Aquarium, wie z. B. die Filterbakterien, welche die anfallenden organischen Verunreinigungen (Futterreste, Fischkot usw.) oxidativ zerlegen in Mineralien und Kohlendioxid; so werden z. B. bei der Aufarbeitung von 1 cm^3 Trockenfutter (0,25 g) etwa 500 mg Sauerstoff verbraucht.

Auch die Pflanzen veratmen Sauerstoff, und zwar Tag und Nacht. Vom tagsüber während der Photosynthese erzeugten Sauerstoff verbrauchen sie im Verlaufe von 24 Stunden etwa 30-70 % wieder für sich selbst. In dichtwüchsigen Pflanzenaquarien schwankt der Sauerstoffgehalt deshalb ganz erheblich im Tag- und Nachtrhythmus, z. B. von 3,5 mg/l am Morgen bis 5,5 mg/l am Abend.

Gasgleichgewicht. An der Grenzfläche Luft-Wasser werden ständig Gase ausgetauscht: Aus der Luft diffundieren Gasmoleküle hinein und gleichzeitig diffundieren aus dem Wasser auch Gasmoleküle wieder heraus. Die Geschwindigkeit dieser beiden Prozesse hängt ab vom jeweiligen Gasdruck in Luft und Wasser. – Nach einiger Zeit scheint der Vorgang zum Stillstand gekommen zu sein, weil gleichzeitig ebenso viele Gasmoleküle aus der Luft in das Wasser hineindiffundieren wie umgekehrt auch herausdiffundieren. Jetzt ist ein Gasgleichgewicht eingetreten!

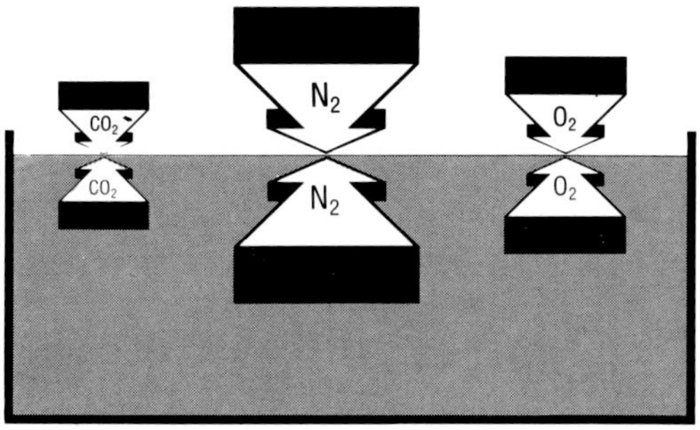

Bild C21.2: Gleichgewicht (Sättigung) herrscht, wenn die Partialdrücke der im Wasser gelösten Gase denen in der Atmosphäre gleichen.

Alle Gase (N_2, O_2, CO_2 usw.) streben ihren typischen Gleichgewichtswert an; er schwankt etwas mit Luftdruck, Temperatur und Salzgehalt (siehe auch Kapitel „Im Wasser gelöste Stoffe"). Für Sauerstoff zeigt die Tabelle rechts das Gasgleichgewicht; diese Werte stellen sich ein, wenn das Wasser genügend lange belüftet wird, gleichgültig ob vorher mehr oder weniger Sauerstoff enthalten war.

Gleichgewichts-Tabelle

Sauerstoffgehalt in mg/l
in belüfteten Wässern
bei 1013 hPa Luftdruck

°C	Süß-wasser	Meerwasser-Dichte (23 °C) 1,018	1,022	1,026	1,030
10	**11,3**	**9,9**	**9,6**	**9,3**	**9,0**
11	11,0	9,6	9,3	9,0	8,8
12	10,8	9,4	9,1	8,8	8,6
13	10,5	9,2	8,9	8,6	8,4
14	10,3	9,0	8,7	8,4	8,2
15	**10,1**	**8,9**	**8,6**	**8,3**	**8,1**
16	9,9	8,7	8,4	8,1	7,9
17	9,6	8,4	8,2	7,9	7,7
18	9,4	8,2	8,0	7,8	7,5
19	9,3	8,2	7,9	7,6	7,4
20	**9,1**	**8,0**	**7,7**	**7,5**	**7,3**
21	8,9	7,8	7,5	7,3	7,1
22	8,7	7,6	7,4	7,2	7,0
23	8,6	7,5	7,3	7,0	6,8
24	8,4	7,4	7,1	6,9	6,7
25	**8,3**	**7,3**	**7,0**	**6,8**	**6,6**
26	8,1	7,1	6,9	6,7	6,5
27	8,0	7,0	6,8	6,5	6,3
28	7,8	6,8	6,6	6,4	6,2
29	7,7	6,7	6,5	6,3	6,1
30	**7,6**	**6,6**	**6,4**	**6,2**	**6,0**
31	7,4	6,5	6,3	6,1	5,9
32	7,3	6,4	6,2	6,0	5,8
33	7,2	6,3	6,1	5,9	5,7
34	7,1	6,2	6,0	5,8	5,6
35	**6,9**	**6,1**	**5,9**	**5,7**	**5,5**

Häufig wird das Gleichgewicht auch als „Sättigung" bezeichnet und Abweichungen davon bewertet in %-Angaben. Das führt leicht zu völlig falschen Vorstellungen! Irreführend wird so der Eindruck erweckt, das Wasser besitze – wie ein Schwamm mit Poren – eine begrenzte Aufnahmekapazität, die ab einer bestimmten Sauerstoffmenge erschöpft ist. Fälschlich wird daraus oft eine biologische Qualität abgeleitet, wie etwa: 50 % = Defizit, 100 % = „Satt"-Wert und 130 % = „Reserve"-Zustand. Das ist falsch, denn es handelt sich um ein rein physikalisches Gleichgewicht, oder genauer: ein physikalisches Fließgleichgewicht. Biologische Prozesse haben dagegen völlig andere, individuelle Qualitäts-Kriterien!

In gut bepflanzten Aquarien kann der Sauerstoffgehalt bei intensiver Beleuchtung wesentlich über die Gleichgewichtswerte ansteigen, weil die Pflanzen vorübergehend zu kräftiger Photosynthese angeregt werden. Wenn das Wasser anschließend belüftet oder umgewälzt wird, sinkt der O_2-Gehalt wieder auf die Werte der Gleichgewichts-Tabelle.

In den meisten Aquarien liegt der Sauerstoffgehalt deutlich unter den Tabellenwerten. Manche Autoren sprechen dann von einem O_2-Defizit; doch sollte diese Vokabel keinesfalls Panik auslösen, denn sie wurde von Chemo-Physikern erfunden und nicht von Fisch-Biologen! In natürlichen Gewässern schwankt der Sauerstoffgehalt in sehr weiten Grenzen, und die Bewohner sind seit vielen Generationen daran angepaßt! Fische kompensieren geringere O_2-Gehalte im Wasser bzw. im Blut durch intensivere Atembewegungen. (Im Gegensatz dazu wird die Atmung des Menschen vom CO_2-Gehalt des Blutes gesteuert.)

Klar gesagt: Der Fisch interessiert sich überhaupt nicht für die „Sauerstoffsättigung“ der Chemo-Physiker! Er verlangt den O_2-Gehalt, den er in seinem Naturbiotop gewohnt ist. – Beispiel: Die Bachforelle ist in 5-10 °C kühlem Wasser an mindestens 11 mg/l Sauerstoff gewöhnt; sie stirbt sehr schnell an Sauerstoffmangel in einem „sauerstoffgesättigten“ Wasser von 25 °C, denn es hat nur 8 mg/l Sauerstoff! Fazit: Erst bei genauer Kenntnis des Heimatbiotopes läßt sich beurteilen, ob für einen Fisch ein O_2-Defizit vorliegt oder nicht.

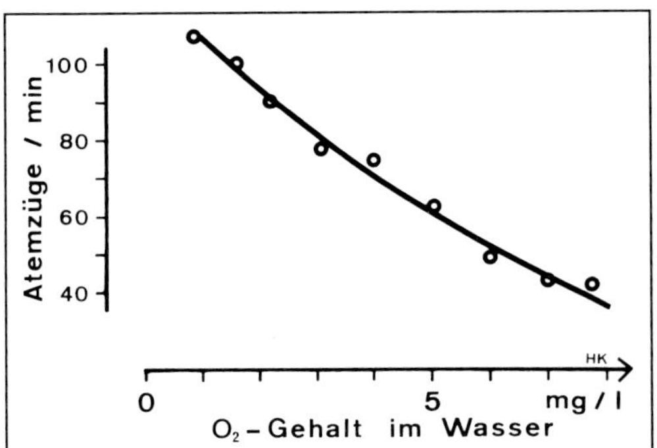

Bild C21.3: Versuche an erwachsenen Wildfängen von Pterophyllum scalare zeigen: Geringe Sauerstoffgehalte im Wasser werden durch häufigere Atemzüge kompensiert; Notatmung, d. h. Luftschnappen, tritt erst bei erstaunlich niedrigem O_2-Gehalt ein, nämlich unter 1,0 mg/l.

Messung. Das Prinzip des Winkler-Verfahrens hat sich allgemein durchgesetzt: Mangan(II)-Ionen werden nach Zusatz von Natronlauge und etwas Kaliumjodid durch den Sauerstoff zu höherwertigen Hydroxiden oxidiert. Aus diesen werden durch Zugabe einer starken Säure Mangan(III)-Ionen gebildet, die ihrerseits aus Jodid-Ionen elementares Jod freisetzen. Die Menge an Jod entspricht genau dem Sauerstoffgehalt, sie wird durch Titration mit Natriumthiosulfat gemessen.

Die meisten Sauerstofftests bestehen aus vier einzelnen Reagenzien-Flaschen (Mangan, Alkali, Säure, Thiosulfat). Die Handhabung ist weitaus einfacher, als der geschilderte Reaktionsablauf vermuten läßt: Nach Zugabe der ersten beiden Reagenzien wird das Probegefäß dicht verschlossen und umgeschüttelt. Nun läßt man es einige Zeit stehen, bis sich die Flocken abgesetzt haben und das darüberstehende klare Wasser abgeschüttet werden kann. Dann sofort das dritte Reagenz zufügen und umschwenken; nun ist die Probe nicht mehr empfindlich gegen Luftsauerstoff! Das letzte Reagenz wird tropfenweise zugegeben bis zur Entfärbung der Probe, die Anzahl der benötigten Tropfen entspricht dem O_2-Gehalt im Wasser. – Aquarienübliche Sauerstofftests messen in Stufen von je 0,5 mg/l, was völlig ausreichend ist; Labortests messen in Stufen von je 0,1 mg/l, sie sind aber wesentlich teurer.

Die Haltbarkeit der meisten Sauerstofftests ist zufriedenstellend. Kritisch kann das vierte Reagenz sein, vor allem bei Sets mit weniger als 40 ml Probenvolumen; insbesondere auf Tropenreisen muß mit raschem Verderb gerechnet werden. Untersuchungen ergaben, daß weniger das Tropenklima daran schuld ist, sondern ein bestimmter Klimafaktor, der bisher den Herstellern unbekannt ist.

Verdorbene Reagenzien zeigen wesentlich mehr Sauerstoff an, als tatsächlich vorhanden ist. Regelmäßige Prüfungen sind unbedingt zu empfehlen.

Bequemer, aber auch viel teurer, sind elektrische O_2-Meßverfahren. Die Messung nimmt etwa 15 Sekunden in Anspruch und ist auf 0,1 mg/l genau. Etwas Wartung ist erforderlich: Die Anzeige muß ab und zu kontrolliert und evtl. korrigiert werden; nach mehreren Monaten Gebrauch müssen Elektrolyt und Membran der Eintauchelektrode ausgewechselt werden. Wer viel messen muß oder sogar laufend registrieren will, kann auf ein elektrisches O_2-Meßgerät nicht verzichten (Bild C21.4 auf Seite 92).

Die Ergebnisse der Sauerstoff-Messung sollen ausnahmslos in „mg/l" angegeben werden. Nur so sind verläßliche Angaben und Vergleiche möglich! - Das Relativmaß „%-Sättigung" hängt ab von Temperatur und Luftdruck. Das bedeutet: Ändern sich Wetterlage oder Wassertemperatur, so ändern sich auch die %-Meßwerte, obwohl das Wasser noch genau die gleiche Menge an Sauerstoff in mg/l enthält!

Zusammen mit jedem O_2-Meßergebnis muß unbedingt auch die Uhrzeit notiert werden! Der O_2-Gehalt schwankt erheblich im Tagesrhythmus, und es ist biologisch ein großer Unterschied, ob z. B. 4,5 mg/l O_2 am Morgen oder Abend gemessen werden!

Durch besondere Umstände (starke Beleuchtung o. ä.) kann die O_2-Produktion der Wasserpflanzen so stark angeregt werden, daß von den Blättern feine O_2-Blasen wie Perlenschnüre aufsteigen. Das gilt häufig als Beweis für die „Sättigung" des Wassers mit Sauerstoff. Ein weitverbreiteter Trugschluß! Hier ist vielmehr die normale O_2-Abgabe der Pflanzen gestört! Der ausperlende Sauerstoff ist nicht etwa lösungsunfähig, sondern er dringt aus Defektstellen im Gasleitungssystem grobblasig hervor, während er im Normalfall über die gesamte Blattspreite fein verteilt unsichtbar in das Wasser diffundiert. Dieser Effekt kann bei beliebigem O_2-Gehalt im Wasser beobachtet werden, auch z. B. bei nur 4 mg/l oder noch weniger. Irgendein Rückschluß auf den Sauerstoffgehalt ist nicht möglich!

Prüfung. Ein Becherglas wird mit beliebiger Menge Leitungswasser gefüllt und mittels Luftpumpe und Ausströmer einige Minuten lang gründlich belüftet, um das Gasgleichgewicht mit der Atmosphäre herzustellen. Auf Tropenreisen benutzt man dazu eine Handluftpumpe, also z. B. einen Gummiball mit Ventilen wie auf Bild C09.2 (Seite 43). Die Prüflösung hat den in der Gleichgewichts-Tabelle angegebenen Sauerstoffgehalt.

Grenzwerte. In der Natur steigt der O_2-Gehalt nur in seltenen Ausnahmen und kurzfristig über die Werte der Gleichgewichts-Tabelle. Auch im Aquarium sollte deshalb der O_2-Gehalt nicht höher ansteigen. Die Vorstellung: „Je mehr Sauerstoff, desto besser“ ist biologischer Unsinn! Jedes Lebewesen ist an den Sauerstoffgehalt seines Heimatbiotopes angepaßt und fühlt sich dabei am wohlsten. Das gilt auch beim Menschen: Kein Mediziner würde es gutheißen, wenn wir unsere Atemluft ständig über die gewohnten 21 % O_2 hinaus anreichern würden! – Daraus folgt: Im Süßwasser-Aquarium sollte bei Raumtemperatur nicht mehr als 8,5 mg/l Sauerstoff meßbar sein.

Fische. Der untere O_2-Grenzwert für Fische schwankt stark und hängt von deren Herkunft ab. Sehr viele beliebte Zierfische kommen mit erstaunlich geringem O_2-Gehalt aus, weil sie in ihren Heimatgewässern daran gewöhnt und entsprechend angepaßt sind. So z. B. beschreibt GEISLER (1984) verschiedene Biotope des Roten Neon im Amazonasgebiet und nennt O_2-Gehalte zwischen 2,5 und 5,7 mg/l. Auf eigenen Expeditionen wurden verschiedene Salmler putzmunter angetroffen in Gewässern mit nur 1,5 mg/l Sauerstoff! Bei Untersuchungen von GEISLER (1969) im Amazonasgebiet an 13 Fischarten kamen fast alle Arten erst bei O_2-Gehalten unter 1,0 mg/l an die Oberfläche zur Notatmung (Luftschnappen), z. B. Arten der Gattung Hyphessobrycon, Nannostomus, Hoplerythrinus, Characidium, Copella, Ctenobrycon usw. Nur Fische aus schnellen Fließgewässern kamen bei den Versuchen schon früher an die Oberfläche, z. B. Leporinus fasciatus bei 3,6 mg/l O_2. Alle Tiere verhielten sich anschließend bei höherem O_2-Gehalt wieder völlig normal, irgendwelche Schäden waren nicht feststellbar! – Zur Kompensation der Atmung bei niedrigem O_2-Gehalt siehe Bild C21.3 auf Seite 98.

Diese und andere Untersuchungen beweisen, daß unsere Aquarienfische an weite Schwankungen des O_2-Gehaltes gewöhnt sind und daß ihr O_2-Bedarf allgemein überschätzt wird. Die untere O_2-Grenze ist individuell sehr verschieden; hastige Kiemenbewegungen zeigen die Nähe der Toleranzgrenze an. Kurzzeitiges Luftschnappen wird schadlos ertragen.

Pflanzen. Neuere Untersuchungen zeigen, daß der Wuchs von Wasserpflanzen mit dem Sauerstoffgehalt im Wasser eng verknüpft ist. Die üppigsten Pflanzenvorkommen in der Natur finden sich regelmäßig in sauerstoffarmen Gewässern. Ähnliches zeigten umfangreiche, über Jahre hinweg durchgeführte Reihenuntersuchungen an Aquarien: Der Pflanzenwuchs gelingt regelmäßig am besten in solchen Aquarien, die einen erstaunlich niedrigen Sauerstoffgehalt besitzen. Die Ursachen sind bessere Nährstoffversorgung, leichtere Abgabe des Abfallproduktes Sauerstoff und günstigeres internes Photosynthese-Klima. Optimal scheinen O_2-Gehalte zu sein ungefähr zwischen 3 mg/l (morgens) und 6 mg/l (abends). Ausführlich siehe bei KRAUSE (1987, 1988 a, 1988 b).

Erhöhen. Zu niedrige Sauerstoffgehalte können durch intensive Belüftung oder Wasserumwälzung leicht angehoben werden auf die Werte in der Gleichgewichts-Tabelle.

Gelegentlich wird vorgeschlagen, notfalls den Sauerstoffgehalt durch Zugabe von Wasserstoffperoxid zu erhöhen. Das hat wiederholt zu erheblichen Fischverlusten geführt! Wasserstoffperoxid (H_2O_2) ist ein starkes Gift, das die Schleimhäute und insbesondere die Kiemen angreift. Bereits die relativ schwache Dosis von 25 ml einer 3%igen H_2O_2-Lösung auf 100 Liter Wasser ist riskant. Theoretisch steigt dabei der O_2-Gehalt um 3,5 mg/l, jedoch erfolgt die O_2-Freisetzung nur langsam. In kritischen Situationen wirken Belüftung oder Wasserumwälzung sehr viel schneller!

Senken. Normalerweise unerwünscht. Der Sauerstoffgehalt ist in den meisten Aquarien ohnehin nur mäßig hoch, weil zu viele Fische darin gehalten werden. – Sollte in besonderen Fällen (Wuchsprobleme bei Aquarienpflanzen) dennoch ein Senken des O_2-Gehaltes erwünscht sein, kann z. B. versuchsweise die Wasserumwälzung (Filterpumpe) reduziert oder reichlicher gefüttert werden. Dabei den O_2-Gehalt durch Messungen kontrollieren! Ausführliche Hinweise bei KRAUSE (1987, 1988b).

Literatur

ECKHARDT u. a. (1986): Einfluß der Sauerstoffbedingungen auf die Freisetzung von Spurenelementen. Vom Wasser 76, Seite 177-184.

GEISLER, R. (1969): Untersuchungen über den Sauerstoffgehalt, den biochemischen Sauerstoffbedarf und den Sauerstoffverbrauch von Fischen in einem tropischen Schwarzwasser. Archiv für Hydrobiologie 66, Seite 307.

GEISLER, R. (1984): Ökologie des Cardinal-Tetra Paracheirodon axelrodi im Stromgebiet des Rio Negro/Brasilien sowie zuchtrelevante Faktoren. Amazoniana IX, Seite 53-86, Kiel.

KRAUSE, H.-J. (1987): Der Sauerstoff im Aquarium. DATZ 38, Seite 282-285, 331-333. Reimar Hobbing Verlag.

KRAUSE, H.-J. (1988 a): Oxygen and its influence on the growth of aquarium- plants. Deuxiéme Congrés international d'aquariology, Institut Océanographique in MC-98000 Monaco. (Deutsche Fassung beim Autor erhältlich.)

KRAUSE, H.-J. (1988 b): Wasserpflanzen – Wuchsklima und Sauerstoff. Das Aquarium 1988 Seite 529-532, 611-614, 653-656, 725-730; desgl. 1989 Seite 23-26, 89-94, 155-158. Philler Verlag, Minden.

RÜFFER, H. (1969): Betrachtungen über das Verhältnis von Sauerstoffeintrag und Sauerstoffzehrung in Belebtbecken. Vom Wasser 36, Seite 399-416.

SCHULER, P. (1987): Oxi-Fibel, Einführung in die Gelöstsauerstoff-Meßtechnik. Herausgeber: Wissenschaftlich-Technische Werkstätten GmbH (WTW), Weilheim.

22. Sulfat SO_4^{2-}

Bedeutung. Wie das Ionen-Standardverhältnis zeigt, ist das Sulfat nach dem Hydrogencarbonat das zweithäufigste Anion. Es kommt in fast allen Wässern vor, und zwar meist in Mengen um 10-60 mg/l. Sulfat gilt als unbedenklich; nach den EG-Richtlinien darf Trinkwasser bis zu 250 mg/l SO_4^{2-} enthalten.

Sulfat (SO_4^{2-}) enthält Schwefel (S). Schwefelverbindungen sind in geringen Mengen lebensnotwendig für Tiere und Pflanzen. Der Schwefelanteil wird vor allem benötigt zum Synthetisieren von Proteinen, also um Eiweiße und eiweißähnliche Verbindungen aufzubauen. Bei Tieren sind es z. B. Muskeln, Blut, Sehnen, Haare und (Fisch-) Schuppen. Auch Pflanzen synthetisieren Proteine, ein Großteil davon wird in Knollen und Samen gelagert. Der Schwefelgehalt der Proteine liegt bei 0,5-2 %.

Fische decken ihren Schwefelbedarf überwiegend mit organischen Schwefelverbindungen aus dem Futter. Tiere können Sulfat-Ionen kaum verwerten.

Pflanzen dagegen nehmen Sulfat-Ionen leicht auf. Vor der Verwertung müssen die Pflanzen das Sulfat erst reduzieren, d. h. vom Sauerstoffanteil befreien. Ein ähnlicher Prozeß ist auch vom Nitrat bekannt (siehe dort).

Aquarienwasser enthält meist reichliche Sulfat-Mengen; sie stammen überwiegend aus dem Leitungswasser. Der Sulfatgehalt kann allmählich ansteigen, denn Fischfutter besteht zu etwa 50 % aus Proteinen; auch die Fischausscheidungen sind proteinhaltig. Bei bakteriellen Filterprozessen werden die Proteine zerlegt, ihr Schwefelanteil freigesetzt und oxidiert zu Sulfat-Ionen.

Der Sulfatgehalt kann auch steigen durch schadstoffhaltige Luft. In Ballungsgebieten enthält die Luft oft Schwefeldioxid (SO_2) aus Heizöl- oder Benzin-Rauchgasen. Das Schwefeldioxid reagiert in Kontakt mit (Aquarien-) Wasser und Sauerstoff zu Schwefelsäure (H_2SO_4), die wiederum dissoziiert in H^+-Ionen und SO_4^{2-}-Ionen. – Ein ähnlicher Prozeß findet auch in der Atmosphäre statt; Regenwasser enthält deshalb etwa 10-30 mg/l Sulfat.

In Wässern unter 0,2-0,5 mg/l Sauerstoff werden Sulfate reduziert zu Sulfiden. Das passiert z. B. im Bodengrund, wo in einigen cm Tiefe der Kies häufig dunkelgrau bis schwarz verfärbt ist durch Ablagerungen von Eisen(II)sulfid (FeS). Ebenso können auch Calcium-, Kalium- oder Natriumsulfide entstehen oder sogar Spuren von Schwefelwasserstoff (H_2S). Der Pflanzenwuchs wird davon keineswegs beeinträchtigt! Die Aquarienpraxis hat bewiesen, daß der Bodengrund sogar unbedingt Reduktionszonen enthalten muß, um guten Pflanzenwuchs zu ermöglichen!

Der Sulfatgehalt im Aquarium gilt als weitgehend unkritisch. Regelmäßige Kontrollen sind daher nicht erforderlich.

Messung. Exakte Meßverfahren sind sehr aufwendig. Relativ einfach und genügend genau ist das Jodat-Tannin-Verfahren: Sulfat-Ionen reagieren mit Bariumjodat zu Bariumsulfat und Jodat-Ionen. Diese bilden mit Tannin einen hellbraunen Farbkomplex, dessen Farbdichte Maß ist für den Sulfatgehalt in der Wasserprobe.

Sulfattests sind bisher nur im Laborhandel erhältlich. Ihre Haltbarkeit beträgt meistens mehrere Jahre.

Prüfung. Es werden 0,335 g Natriumsulfat ($Na_2SO_4 \cdot 10H_2O$) in 500 ml Wasser gelöst. Nach Verdünnung 1:5 erhält man eine Prüflösung mit 40 mg/l SO_4^{2-}-Ionen.

$Na_2SO_4 \cdot 10H_2O$ ist als Glaubersalz in Apotheken auch in kleinen Mengen erhältlich. Der geringere Reinheitsgrad genügt vollauf für die Aquarienpraxis.

Grenzwerte. Der Sulfatgehalt muß stets beurteilt werden im Zusammenhang mit den übrigen Anionen im Wasser. Ein Anteil von ungefähr 14% entspricht dem Standard-Ionenverhältnis und ist deshalb optimal für die meisten Organismen. Daraus ergibt sich ein Richtwert von 3,7 mg/l SO_4^{2-} pro °d Carbonathärte. Stärkere Abweichungen vom Richtwert werden meist toleriert. Sehr sulfatreiche Wässer können Kleinwuchs der Fische bewirken.

Erhöhen. So gut wie nie erforderlich! In 100 Liter Wasser wird durch 3,4 g Glaubersalz (siehe oben) der Sulfatgehalt um 10 mg/l erhöht.

Gleichzeitig steigt der Natriumgehalt um 4,8 mg/l.

Senken. Selten erforderlich! Wasserwechsel durchführen, nötigenfalls mit entsalztem Wasser.

23. Wasserstoffperoxid H_2O_2

Bedeutung. Wasserstoffperoxid ist eine farblose, mit Wasser beliebig mischbare Flüssigkeit. Die Verbindung zerfällt leicht nach folgender Gleichung:

$$H_2O_2 \rightarrow H_2O + 1/2\ O_2$$

Das freigesetzte Einzel-Sauerstoffatom, hier als halbes Molekül beschrieben, ist außerordentlich reaktionsfreudig. Deshalb ist Wasserstoffperoxid ein starkes Oxidationsmittel und kann zahlreiche organische Verbindungen zerstören.

Wasserstoffperoxid ist als wässrige Lösung erhältlich und zwar bevorzugt in 3 oder 30%iger Konzentration (Drogerien, z. T. auch Zoohandel). Das 3%ige Peroxid ist relativ harmlos. Gefährlich aber ist das 30%ige Peroxid, es wirkt stark ätzend! Deshalb:
- Nach Hautkontakten sofort abwaschen mit viel Wasser!
- Unbedingt Schutzbrille tragen!

Obwohl dem handelsüblichen Wasserstoffperoxid Stabilisatoren zugesetzt sind (z. B. 0,05 % Phosphorverbindungen), zerfällt es langsam von selbst nach obiger Gleichung. In dicht verschlossenen Gefäßen entwickelt sich deshalb allmählich ein Überdruck, der die Flaschen zum Bersten bringen kann. Der Lagerplatz muß dementsprechend sicher gewählt und der Überdruck regelmäßig abgelassen werden. Wärme und Licht beschleunigen den Zerfall, deshalb Vorratsflaschen kühl und dunkel lagern!

In der Aquaristik sollte Wasserstoffperoxid nur zurückhaltend angewendet werden, denn es kann schon in relativ geringer Konzentration die Schleimhäute und Kiemen der Fische angreifen. Außerdem oxidiert es wichtige Nährstoffe der Pflanzen und kann dadurch den Pflanzenwuchs beeinträchtigen. Einige Fischzüchter haben beobachtet, daß bei ständiger Anwendung von Wasserstoffperoxid die Fische häufiger erkranken; als Ursache wird ein Mangel lebenswichtiger Spurenelemente vermutet, die durch H_2O_2 wasserunlöslich festgelegt worden sind. Denn Fische nehmen Salze usw. nicht nur mit ihrer Nahrung auf, sondern auch unmittelbar aus dem Wasser.

Gelegentlich wird Wasserstoffperoxid bei akutem Sauerstoffmangel benutzt als Notmaßnahme. Dosierung: 25 ml

3%iges H_2O_2 auf 100 Liter Aquarienwasser. Gut durchmischen! Bei vollständiger Umsetzung steigt der Sauerstoffgehalt theoretisch um 3,5 mg/l. Nicht nachdosieren, ohne zu messen! Denn das H_2O_2 zersetzt sich nur langsam, es sind sehr gefährliche Anreicherungen möglich! Schneller, bequemer und vor allem ohne Risiko kann der Sauerstoffgehalt angehoben werden mit einer Kreiselpumpe, die die Wasseroberfläche kräftig bewegt.

Wasserstoffperoxid wird auch benutzt in sogenannten Oxidatoren. Dies sind Vorrats- und Dosiergeräte, die über einige Wochen spurenweise H_2O_2 in das Aquarienwasser abgeben. Weil Wasserstoffperoxid die oxidative Zerlegung von organischen Verbindungen beschleunigt, kann dadurch in stark besetzten Aquarien die Reinigungsarbeit des Filters unterstützt werden. – Die intensive Oxidation aller Wasserinhaltsstoffe kann aber den Pflanzenwuchs ganz erheblich behindern, weil wichtige Nährstoffe festgelegt werden. Das ist insbesondere der Fall bei geringem Fischbesatz, oder genauer: bei geringer Futterzufuhr. Über die aquaristische Bedeutung und Anwendung von Oxidatoren siehe u. a. bei KRAUSE (1984).

Aus Sicherheitsgründen sollten Oxidatoren einen Katalysator besitzen, z. B. aus Braunstein (MnO_2). Er läßt austretendes Wasserstoffperoxid rasch zerfallen in Wasser und Sauerstoff und kann damit verhindern, daß gefährlich hohe H_2O_2-Konzentrationen abgegeben werden.

Oxidatoren wird nachgesagt, daß sie das Wasser mit Sauerstoff anreichern. Jedoch wird die Wirkung meist weit überschätzt: Ein Oxidator, der mit 250 ml 6%igem H_2O_2 ein 200-l-Becken vier Wochen lang versorgt (lt. Hersteller), liefert zwar insgesamt 7 Gramm Sauerstoff, doch sind das pro Liter Wasser täglich nur 1,25 mg. Diese Sauerstoffmenge und mehr liefert spielend die übliche Wasserumwälzung!

Messung. Ein einfacher, preiswerter Nachweis gelingt mit Titanylsulfat ($TiO\langle SO_4\rangle$), auch Titanoxidsulfat genannt (Hersteller z. B. Riedel de Haen, erhältlich im Laborfachhandel). Dazu füllt man ein schlankes Reagenzglas mit etwa 20 ml Wasserprobe und gibt eine etwa streichholzkopfgroße Portion Titanylsulfat hinzu. Nach Umschütteln blickt man von oben in das Reagenzglas hinein auf eine weiße Unterlage: Gelbfärbung weist auf Wasserstoffperoxid hin. Die Nachweisgrenze liegt bei ungefähr 2 mg/l H_2O_2.

Ein einfaches Meßverfahren bieten Peroxid-Teststäbchen. Sie werden für einige Sekunden in das Wasser eingetaucht; je nach Konzentration an H_2O_2 färben sich entsprechende Reagenzfelder um. Der Meßbereich beträgt etwa 1 bis 100 mg/l und ist recht grob gestuft.

Prüfung. Es werden 1 ml einer 3%igen Lösung Wasserstoffperoxid auf 500 ml Wasser verdünnt. Die Lösung enthält theoretisch 60 mg/l H_2O_2. Weil aber der Zersetzungsgrad der gekauften Lösung unbekannt ist, sind größere Abweichungen möglich.

Grenzwerte. Im Aquarienwasser sollte grundsätzlich kein Wasserstoffperoxid nachweisbar sein. Die als Notmaßnahme beschriebene Dosierung ergibt eine Konzentration von 7,5 mg/l H_2O_2, die langsam abgebaut wird. Bei höheren Werten oder längerer Einwirkung muß mit Schäden an Tieren und Pflanzen gerechnet werden.

Erhöhen. Abgesehen von dringenden Ausnahmefällen, nicht zu empfehlen.

Senken. Wasserstoffperoxid zersetzt sich mit der Zeit von selbst. Nötigenfalls Wasserwechsel. Wenn beim Gebrauch eines Oxidators ständig H_2O_2 nachweisbar ist, so ist die Dosierung zu hoch. Prüfen, ob das Gerät einen Katalysator besitzt!

Literatur.

KRAUSE, H.-J.(1984): Wasserstoffperoxid-Oxidatoren. Aquarien-Magazin 18, Seite 327-329. Franckh-Verlag.

24. Rechentafel KH-CO_2-pH

In den meisten Wässern bestimmen die Carbonathärte und der Kohlensäuregehalt die Höhe des pH-Wertes. Diese drei Partner lassen sich in einer (komplizierten) mathematischen Beziehung miteinander verknüpfen. Sind zwei von ihnen durch Messung bekannt, läßt sich der dritte leicht ermitteln.

Der Zusammenhang läßt sich grafisch übersichtlich darstellen. Die Rechentafel (nach KRAUSE) gilt für Wässer mit durchschnittlichem Ionenspektrum und etwa 25 °C. Abweichungen um 5 °C bewirken Fehler von 0,03 pH oder 10% auf der KH- bzw. CO_2-Skala; sie fallen aquaristisch nicht ins Gewicht. Der pH-Wert sollte auf 0,1 pH genau bestimmt werden, also entweder elektrisch oder mit einem guten kolorimetrischen pH-Test.

Die Rechentafel kann nicht angewendet werden, sobald außer Hydrogencarbonat und Kohlensäure noch größere Mengen anderer Basen oder Säuren anwesend sind. Das ist der Fall, wenn z. B. über Torf gefiltert wurde oder nach Zugabe von „pH-Plus/Minus"-Präparaten. Auch „Altwasser" kann störende Säuren aus Stoffwechselprozessen enthalten. Man erkennt solche Wässer daran, daß sie bei Belüftung nicht mindestens pH 8,0 erreichen. – Etwaige Differenzbestimmungen aus belüfteter/unbelüfteter Wasserprobe führen hier nicht zum Ziel, weil die zusätzlichen Basen oder Säuren oft störende Puffersysteme bilden. Dann kann der pH-Wert dem CO_2-Gehalt nicht mehr logarithmisch folgen, sondern ändert sich an bestimmten Stellen nur sehr träge und an anderen dagegen sprunghaft.

Die Rechentafel ist in der Aquarienpraxis sehr nützlich beim Lösen wasserchemischer Fragen. Hier einige Beispiele:

Bestimmung des CO_2-Gehaltes. Sind die Carbonathärte und der pH-Wert bekannt, läßt sich der ungefähre CO_2-Gehalt errechnen.

Beispiel: Es werden 10 °d und 6,9 pH gemessen. Wie hoch ist der CO_2-Gehalt? - Lösung: Suche auf der unteren Skala 10 °d auf und gehe senkrecht nach oben bis zur schräg verlaufenden 6,9-pH-Linie; in dieser Höhe sind am linken Rand 40 mg/l CO_2 ablesbar.

Zulässige Carbonathärte beim Senken des pH-Wertes. Manche Fischzuchten erfordern schwach saure Wässer. Bekanntlich ist die Zugabe von Mineralsäuren oder chemischen Präparaten ein aquaristischer Kunstfehler und deshalb völlig abzulehnen (siehe „Carbonathärte“ und „pH-Wert“). Der gewünschte, schwach saure pH-Wert kann – wie in der Natur – mit CO_2 eingestellt werden, sofern die Carbonathärte genügend niedrig ist.

Beispiel: Der pH-Wert soll auf etwa 6,5 pH gesenkt werden. Dabei sollen nicht mehr als 30 mg/l CO_2 gegenwärtig sein. Wie hoch darf die Carbonathärte höchstens sein? – Lösung: Suche am linken Rand 30 mg/l CO_2 auf und gehe waagerecht nach rechts bis zur schrägen 6,5-pH-Linie; senkrecht darunter sind als Ergebnis ablesbar 3,5 °d KH.

In genügend weichen Wässern kann auch Torffilterung zum Ziel führen, siehe dort.

Überwachung der CO_2-Düngung durch pH-Grenzwerte. Im Aquarium sollte der CO_2-Gehalt nicht über 60 mg/l steigen (der Fische wegen) und nicht unter 10 mg/l sinken (der Pflanzen wegen). Ist die Carbonathärte bekannt, läßt sich mit einem pH-Dauerindikator oder elektrischen pH-Meter der CO_2-Gehalt leicht überwachen.

Beispiel: Das Wasser hat eine Carbonathärte von 8 °d; bei 60 mg/l CO_2 gibt die Rechentafel pH 6,6 an, bei 10 mg/l CO_2 sind es 7,4. Folglich sollten Belüftung bzw. CO_2-Zufuhr so betrieben werden, daß der pH-Wert stets zwischen 6,6 und 7,4 liegt.

Bei Wässern mit Torffilterung usw. liefert die Rechentafel falsche Werte. Ersatzweise kann das CO_2-FIX-Verfahren (nach KRAUSE) benutzt werden. Siehe unter „Kohlendioxid“.

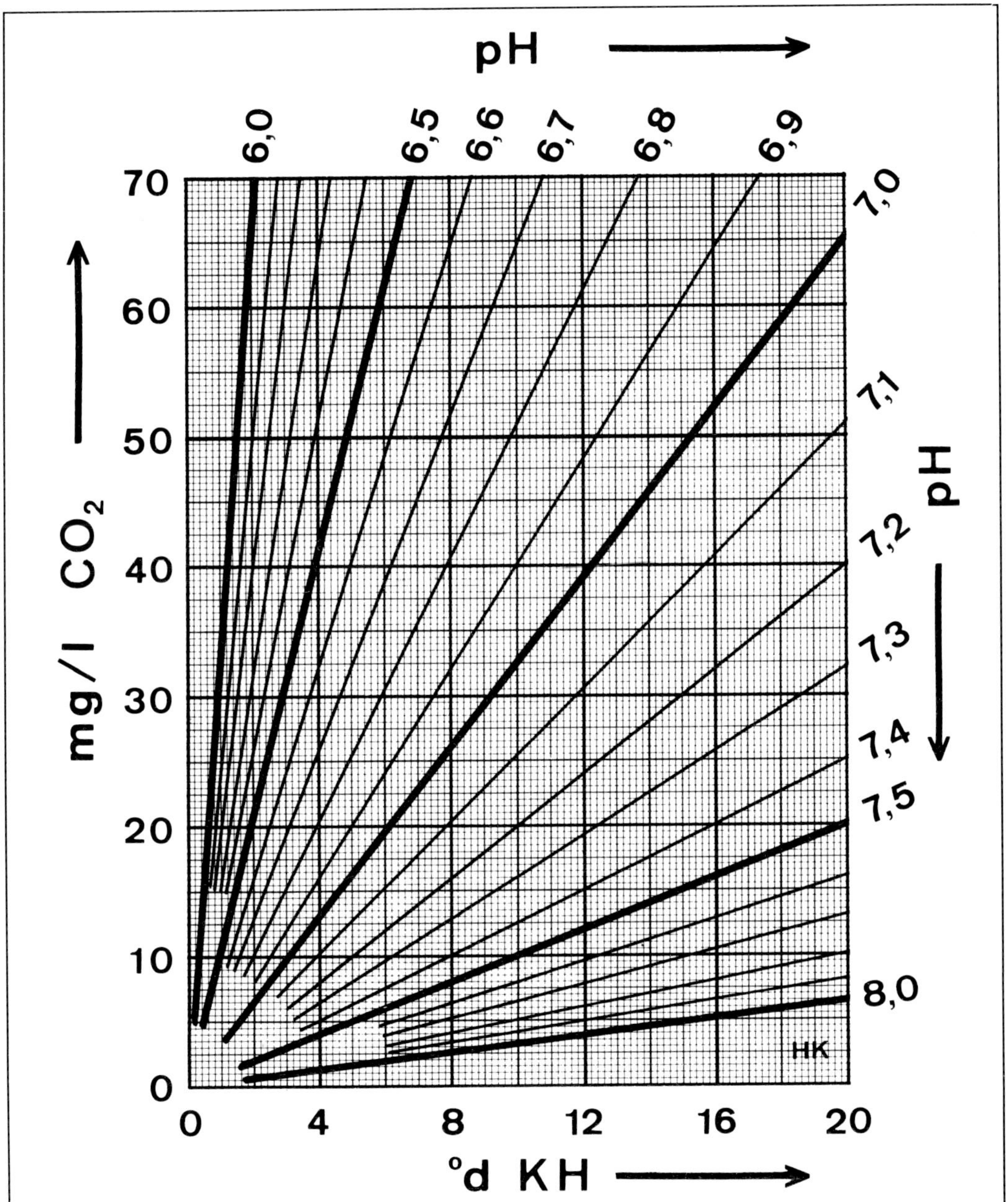

Bild C24.1: KH-CO_2-pH-Rechentafel (nach KRAUSE) für natürliche Wässer mit durchschnittlichem Ionen-Spektrum bei 25 °C. Anwendungsbeispiele im Text!

D. Wasseraufbereitung

1. Leitungswasser

Sieht man von Sonderfällen ab, so ist das in öffentlichen Netzen gelieferte Trinkwasser grundsätzlich für den allgemeinen Aquariengebrauch geeignet. Trotzdem ist unter Umständen eine Aufbereitung empfehlenswert.

So zum Beispiel steht das Wasser in der Leitung unter etwa 3-7 bar Druck. Das Leitungswasser enthält deshalb mehr Gase gelöst, als offen stehendes Wasser. Sobald das Leitungswasser aus dem Hahn läuft, entfällt der Überdruck, und die überschüssigen Gase perlen aus. (Ähnliches passiert auch beim Öffnen einer Flasche Sprudelwasser mit dem Kohlendioxid.) Im Aquarium werden alle Gegenstände überzogen mit feinen Gasblasen. Darunter leiden insbesondere die Fische, an deren Kiemen sich ebenfalls Gasblasen absetzen und die Atmung erheblich stören. Nicht selten sind Fischverluste die Folge.

Das läßt sich vermeiden, indem man das Leitungswasser vor Gebrauch aus der Handbrause in weitem Bogen in die Badewanne verrieseln läßt. Durch die Luftwäsche werden die überschüssigen Gase ausgetrieben, und der Sprudelwasser-Effekt unterbleibt.

Riecht es dabei deutlich nach Hallenbad, so enthält das Wasser Chlor. Dieses muß vor Gebrauch entfernt werden, zum Beispiel durch Filtern über Aktivkohle. Näheres siehe unter „Chlor“.

Ein Aktivkohlefilter schützt auch vor vielen unerwünschten organischen Stoffen, denn Aktivkohle adsorbiert z. B. Huminstoffe, Insektengifte und Ölspuren. – Beim Kauf der Aktivkohle wähle man ausschließlich aquaristisch erprobte Sorten, denn Aktivkohle wird häufig nach dem Chlor-Zink-Verfahren hergestellt und gibt dann beim Gebrauch noch Reste aquaristisch giftiger Stoffe ab! Erschöpfte Aktivkohle läßt sich unter aquaristischen Bedingungen nicht regenerieren, sondern muß gegen neue Aktivkohle ausgetauscht werden.

Häufig ist der Salzgehalt (die Wasserhärte) des Wassers zu hoch. Zum Senken eignen sich je nach Zusammensetzung des Rohwassers verschiedene Verfahren: Torffilter, Ionenaustauscher oder Umkehrosmose. Siehe dort.

2. Torffilter

Torf ist ein uneinheitliches Gemenge von biochemisch unvollständig zersetzten Pflanzenresten. Er kann sich z. B. in Mooren bilden, wenn Moose und Gräser nach dem Absterben im Wasser versinken und dort unter Luftabschluß sehr langsam zersetzt werden. Zur Bildung einer 1 m dicken Torfschicht vergehen etwa 1000 Jahre. Je nach Prozeßverlauf entstehen verschiedene Arten von Torf.

Verfahren. Zur Wasseraufbereitung ist der hellbraune, sogenannte Weißtorf aus Hochmooren geeignet. Er kann ähnlich wie ein Ionenaustauscher die Härtebildner aufnehmen und Huminsäuren abgeben, daher kann er das Wasser enthärten und ansäuern. Bei Torf für den Gartenbau ist Vorsicht geboten: Er kann Dünger enthalten! Im Zweifelsfall eine Torfprobe in etwas Wasser einweichen und dieses auf Ammonium, Phosphat oder Nitrat prüfen.

Zur Wasserbehandlung kann man z. B. den Torf als Filtermasse in einen üblichen Topffilter einfüllen. – Ein größerer Filter läßt sich behelfsmäßig herstellen aus zwei Plastikeimern, die ineinander gestellt werden. Der innere Eimer wird mit Torf gefüllt, sein Boden ist durchlöchert; der äußere Eimer fängt das durchgelaufene Wasser auf, er erhält einen Ablaufstutzen, oder man legt eine Tauchpumpe hinein. Das Aufschwimmen des Torfes kann ein Deckel mit Zulaufstutzen verhindern.

Vor dem Gebrauch muß der Torf eingeweicht und restlos durchfeuchtet werden. Trocken eingefüllter Torf kann durch Quellung geschlossene Filtertöpfe zum Platzen bringen. Außerdem behindern trockene Zonen im Torf den Wasserdurchlauf.

Erschöpfter Torf kann nicht regeneriert werden, sondern muß ausgetauscht werden.

Kapazität. Torf ist ein Naturprodukt, deshalb können seine Eigenschaften je nach Herkunft stark schwanken. Richtwert: Ein Liter dicht gepackter Torf senkt in 50 Litern Wasser die Gesamt- und die Carbonathärte um etwa 5 °d. Dabei kann der pH-Wert je nach Enthärtungsgrad und Torfqualität bis auf 4,0-3,5 sinken.

Beurteilung. Die Aufbereitung mit Torf ist nur zu empfehlen bei kleinen Wassermengen und geringer Härte des Rohwassers. Bei Wässern über etwa 8 °d GH ist das Verfahren unwirtschaftlich.

3. Ionenaustauscher

Für technische Anwendungen werden als Ionenaustauscher besondere Kunstharze verwendet, deren Moleküle ein wasserunlösliches, poröses Gerüst bilden. An dieses Gerüst sind relativ locker Ionen adsorbiert, die gegen andere Ionen mit gleicher Ladungsart austauschbar sind.

Prinzipiell werden demnach zwei Arten von Ionenaustauschern unterschieden: Kationenaustauscher und Anionenaustauscher. Ein Kationenaustauscher tauscht Kationen aus, also positiv geladene Ionen, wie z. B. Ca^{2+}, Na^{+}, H^{+} usw.; dagegen tauscht ein Anionenaustauscher nur Anionen aus, also negativ geladene Ionen, wie z. B. SO_4^{2-}, NO^{3-}, OH^{-} usw.

Hier ein Beispiel: Ein Kationenaustauscher wurde beladen mit H^{+}-Ionen. Er kann sie dem durchlaufenden Wasser abgeben im Austausch gegen andere Kationen, also z. B. gegen K^{+}-, Na^{+}- oder Ca^{2+}-Ionen. Bei der Aufnahme mehrwertiger Ionen werden entsprechend viele H^{+}-Ionen abgegeben, bei einem Ca^{2+}-Ion also zwei H^{+}-Ionen.

Mit fortwährendem Austausch verbraucht sich der Vorrat an H^{+}-Ionen. Der Austauscher besitzt schließlich kaum noch H^{+}-Ionen, sondern er ist statt dessen angereichert mit anderen Kationen. Das heißt, der Austauscher ist erschöpft, doch kann er wieder regeneriert werden. Hierzu bietet man ihm sehr konzentriert H^{+}-Ionen an und verdrängt auf diese Weise die anderen Kationen. Dadurch wird der Austauscher wieder in den Ausgangszustand versetzt.

Ein Kationenaustauscher läßt sich anstelle von H^+-Ionen auch mit anderen Kationen beladen. So werden z. B. häufig Kationenaustauscher in der Natriumform benutzt. Diese geben im Gebrauch dann Na-Ionen ab im Austausch gegen andere Kationen. – In ähnlicher, entsprechender Weise verhalten sich Anionenaustauscher; sie können z. B. mit OH^-- oder Cl^--Ionen beladen werden und diese später im Betrieb gegen andere Ionen austauschen.

Die Industrie bietet über 70 verschiedene Typen von Kationen- und Anionenaustauschern an. Sie unterscheiden sich u.a. durch ihre Selektivitätsreihe, d. h. bei gleichem Angebot (Konzentration) bevorzugen sie das eine oder andere Kation bzw Anion. Nicht alle sind für die Wasseraufbereitung geeignet.

Die verschiedenen aquaristisch geeigneten Aufbereitungs-Verfahren werden beschrieben am Beispiel der Marken-Austauscherharze „Lewatit“ (Fa. Bayer). Die Angaben können für vergleichbare Harze anderer Hersteller übernommen werden.

Wichtig: Alle Austauschprozesse benötigen Zeit. Wenn das Wasser oder die Regenerierlösung schneller durch einen Austauscher laufen als vom Hersteller vorgeschrieben, dann wird dessen volle Austauschkapazität nicht erreicht!

3.1 Neutralaustausch

Verfahren. Das Rohwasser läuft durch einen stark sauren Kationenaustauscher, der mit Natrium-Ionen beladen ist. Es werden sämtliche Salze in Natriumsalze umgewandelt.
Also zum Beispiel:

Calciumhydrogencarbonat	→	Natriumhydrogencarbonat
Calciumsulfat	→	Natriumsulfat
Magnesiumhydrogencarbonat	→	Natriumhydrogencarbonat
Magnesiumchlorid	→	Natriumchlorid
Natriumcarbonat	→	bleibt
Natriumchlorid	→	bleibt
Natriumsulfat	→	bleibt

Kapazität. Ein Liter des stark sauren Kationenaustauschers Lewatit S100 hat etwa 3000 Härteliter; demnach können bei einer Gesamthärte des Rohwassers von z. B. 15 °d etwa 200 Liter Wasser behandelt werden. Die Durchlaufgeschwindigkeit soll 0,4 l/min nicht übersteigen.

Regenerieren. Für 1 Liter Lewatit S100 wird eine Lösung von 200 g Kochsalz in 2 l Wasser benötigt; man läßt sie langsam während 20-30 Minuten durchlaufen. Anschließend wäscht man mit 2 Liter Leitungswasser nach, um die Kochsalzreste auszuspülen.

Beurteilung. Der Neutralaustausch liefert Wasser mit einer Gesamthärte Null. Eine KH-Messung ergibt zwar unveränderte Werte, tatsächlich jedoch ist die

Carbonathärte Null, denn sämtliche (Hydrogen-)Carbonate liegen in der Natriumform vor (siehe „KH größer als GH?"). Somit fehlt dem Wasser das wichtige CO_2-KH-Puffersystem! Außerdem wird das natürliche Ionenverhältnis zerstört, weil sämtliche Kationen durch Natrium ersetzt werden. Der Gesamtsalzgehalt bleibt unverändert hoch, wie eine Messung der elektrischen Leitfähigkeit beweist. Somit ist das im Neutralaustausch gewonnene Wasser zwar kalkfrei und deshalb beispielsweise zum Geschirrspülen geeignet, jedoch für die Aquaristik völlig unbrauchbar!

Trotzdem wurde hier das Verfahren beschrieben, um dessen Nichteignung verständlich zu machen, denn es werden immer wieder „Enthärtungsfilter" nach diesem Prinzip angeboten.

Man erkennt sie daran, daß sie eine Senkung der Härte(!) und nicht des Salzgehaltes versprechen und zum Regenerieren Kochsalz benötigen.

3.2 Teilentsalzung

Die Teilentsalzung, auch Entcarbonisierung genannt, ist nur für Rohwässer geeignet, deren Carbonathärte mindestens 80 % der Gesamthärte beträgt. Es sind zwei Verfahren in Gebrauch; sie unterscheiden sich vor allem durch den Typ des Kationenaustauschers und damit im Austauschverhalten und Wirkungsgrad.

Verfahren A. Das Rohwasser läuft durch einen stark sauren Kationenaustauscher, der mit Wasserstoff-Ionen beladen ist. Dabei werden sämtliche Kationen gegen H-Ionen ausgetauscht und somit sämtliche Salze in ihre entsprechenden Säuren umgewandelt.
Also zum Beispiel:

Calciumhydrogencarbonat	$Ca(HCO_3)_2$	→	Kohlensäure	H_2CO_3
Calciumsulfat	$CaSO_4$	→	Schwefelsäure	H_2SO_4
Magnesiumhydrogencarbonat	$Mg(HCO_3)_2$	→	Kohlensäure	H_2CO_3
Magnesiumchlorid	$MgCl_2$	→	Salzsäure	HCl
Natriumcarbonat	Na_2CO_3	→	Kohlensäure	H_2CO_3
Natriumchlorid	$NaCl$	→	Salzsäure	HCl
Natriumsulfat	Na_2SO_4	→	Schwefelsäure	H_2SO_4
Kaliumnitrat	KNO_3	→	Salpetersäure	HNO_3
Kaliumsulfat	K_2SO_4	→	Schwefelsäure	H_2SO_4

Das behandelte Wasser erscheint auf den ersten Blick unvorteilhaft, zumal der pH-Wert extrem niedrig ist. Weil aber – entsprechend der Voraussetzung – der KH-Anteil im Rohwasser mindestens 80 % betrug, sind etwa 80 % der Säuren Kohlensäure, die durch Belüftung als CO_2 leicht ausgetrieben werden kann. Deshalb wird das Wasser zunächst so lange intensiv umgewälzt, bis sein pH-Wert nicht mehr steigt.

Anschließend wird Rohwasser zugesetzt. Dessen Hydrogencarbonate neutralisieren die noch verbliebenen starken Säuren im Austauschwasser; dabei wird erneut Kohlensäure freigesetzt, die ebenfalls durch Belüftung ausgetrieben werden muß. Bei der Salzsäure beispielsweise finden folgende Reaktionen statt:

$$2HCl + Ca(HCO_3)_2 \rightarrow CaCl_2 + 2H_2CO_3$$

und $2H_2CO_3 \rightarrow 2H_2O + 2CO_2$

Es muß so viel Rohwasser zugesetzt werden, bis der pH-Wert des gemischten Wassers nach Belüftung etwa 7,0 überschreitet. Außerdem soll die Carbonathärte mindestens 3 °d erreichen, um dem Wasser einigermaßen Stabilität zu geben gegen pH-Schwankungen.

Der Austauscher ist erschöpft, sobald zum Neutralisieren wesentlich weniger Rohwasser benötigt wird als üblich. Am besten notiert man sich die durchgelaufenen Wassermengen. Vorteilhaft sind Harze mit Indikator, wie z. B. Lewatit S100G1. Diese färben sich mit fortschreitender Erschöpfung von hellbraun nach rot, so kann man bei durchsichtigen Säulen die noch verfügbare Kapazität leicht erkennen.

Kapazität. Ein Liter des stark sauren Kationenaustauschers Lewatit S100 oder S100G1 hat bei diesem Verfahren etwa 4000 Härteliter; demnach können z. B. bei einem Rohwasser mit 15 °d GH etwa 270 Liter Wasser behandelt werden. Die Durchlaufgeschwindigkeit soll 0,4 l/min nicht übersteigen; bei schnellerem Durchlauf sinkt die Kapazität des Austauschers.

Regenerieren. Für 1 Liter Lewatit S100 oder S100G1 werden 2 Liter 10%ige Salzsäure benötigt; man läßt sie während etwa 20 Minuten durchlaufen. Anschließend wäscht man die Reste der Salzsäure heraus mit etwa 10 Liter Leitungswasser während 20-30 Minuten. Das Waschen ist abgeschlossen, wenn der Chloridgehalt im ablaufenden Wasser nicht mehr höher ist als im zulaufenden.

Verfahren B. Das Rohwasser läuft durch einen schwach sauren Kationenaustauscher, der ebenfalls mit Wasserstoff-Ionen beladen ist. Der Unterschied zu Verfahren A besteht darin, daß ein schwach saurer Austauscher nicht sämtliche Salze in ihre Säuren umwandelt, sondern nur die Hydrogencarbonate und Carbonate: Das behandelte Wasser enthält keine starken Säuren, sondern nur Kohlensäure, die durch Belüftung als Kohlendioxid leicht ausgetrieben wird. Die Neutralisation mit Rohwasser kann nahezu unter-

Calciumhydrogencarbonat	$Ca(HCO_3)_2$	→	Kohlensäure	H_2CO_3
Calciumsulfat	$CaSO_4$	→	bleibt	
Magnesiumhydrogencarbonat	$Mg(HCO_3)_2$	→	Kohlensäure	H_2CO_3
Magnesiumchlorid	$MgCl_2$	→	bleibt	
Natriumcarbonat	Na_2CO_3	→	Kohlensäure	H_2CO_3
Natriumchlorid	$NaCl$	→	bleibt	
Natriumsulfat	Na_2SO_4	→	bleibt	
Kaliumnitrat	KNO_3	→	bleibt	
Kaliumsulfat	K_2SO_4	→	bleibt	

bleiben, doch sollte mindestens so viel zugegeben werden, daß etwa 3 °d KH gemessen werden.

Kapazität. Ein Liter des schwach sauren Kationenaustauschers Lewatit CNP-LF hat etwa 6500 Härteliter; demnach können z. B. bei einem Rohwasser mit 15 °d GH etwa 430 Liter Wasser behandelt werden. Die Durchlaufgeschwindigkeit muß geringer sein als bei stark sauren Austauschern (Verfahren A). Sie darf 0,2-0,3 l/min nicht übersteigen, bei höherer Geschwindigkeit sinken Wasserqualität und Austauscherkapazität.

Regenerieren. Für 1 Liter Lewatit CNP-LF werden 2 Liter einer 3%igen Salzsäure benötigt; man läßt sie langsam während mindestens 30 Minuten durchlaufen. Anschließend wäscht man die Reste der Salzsäure heraus mit etwa 10 Liter Leitungswasser, das nicht schneller als in 1 Stunde durchgelaufen sein soll. Das Waschen ist abgeschlossen, wenn der Chloridgehalt im ablaufenden Wasser nicht mehr höher ist als im zulaufenden.

Schwach saure Kationenaustauscher, aber nur diese(!), lassen sich anstelle mit Salzsäure auch mit schwachen Säuren regenerieren. Geeignet ist zum Beispiel die Citronensäure. Die Chemikalienkosten sind zwar etwa 1,5-fach teurer, aber das Verfahren ist weniger gefahrenträchtig, denn Citronensäurespritzer sind relativ harmlos.

Für 1 Liter Lewatit CNP-LF werden 2 Liter einer 6%igen Citronensäurelösung benötigt; man läßt sie langsam während mindestens 30 Minuten durchlaufen. Anschließend wäscht man die Reste der Säure heraus mit etwa 10 Liter Leitungswasser, das nicht schneller als in 1 Stunde durchgelaufen sein soll.

Beurteilung. Beide Teilentsalzungs-Verfahren sind für Wässer geeignet, deren Carbonathärte (KH) mindestens 80 % der Gesamthärte (GH) beträgt; also z. B. bei einem Wasser mit 20 °d GH, wenn es mindestens 16 °d KH besitzt. Der Salzgehalt des Wassers wird erheblich reduziert, und zwar um so mehr, je höher der Anteil der Carbonathärte im Rohwasser ist. Das Ionenspektrum wird deutlich verändert, doch wird dies nur von empfindlichen Aquarienbewohnern beanstandet.

Das Verfahren A benutzt einen stark sauren Kationenaustauscher, er kann auch bei einer Erweiterung der Anlage zur Vollentsalzung weiterverwendet werden.

Verfahren B benutzt einen schwach sauren Kationenaustauscher; dieser hat eine 1,6fach höhere Kapazität pro Liter Harz und erfordert außerdem beim Regenerieren (mit Salzsäure) nur 30 % der Chemikalienkosten. Verfahren B ist somit weitaus kostengünstiger.

3.3 Vollentsalzung

Verfahren. Das Rohwasser läuft zuerst durch einen stark sauren Kationenaustauscher, der mit Wasserstoff-Ionen beladen ist.

Dieser tauscht sämtliche Kationen gegen H-Ionen aus und wandelt somit sämtliche Salze in ihre entsprechenden Säuren um. Zum Beispiel:

Calciumhydrogencarbonat	$Ca(HCO_3)_2$	→	Kohlensäure	H_2CO_3
Calciumsulfat	$CaSO_4$	→	Schwefelsäure	H_2SO_4
Magnesiumhydrogencarbonat	$Mg(HCO_3)_2$	→	Kohlensäure	H_2CO_3
Magnesiumchlorid	$MgCl_2$	→	Salzsäure	HCl
Natriumcarbonat	Na_2CO_3	→	Kohlensäure	H_2CO_3
Natriumchlorid	$NaCl$	→	Salzsäure	HCl
Natriumsulfat	Na_2SO_4	→	Schwefelsäure	H_2SO_4
Kaliumnitrat	KNO_3	→	Salpetersäure	HNO_3
Kaliumsulfat	K_2SO_4	→	Schwefelsäure	H_2SO_4

Dieses extrem säurehaltige Wasser wird einem stark basischen Anionenaustauscher zugeführt. Er tauscht sämtliche Anionen gegen OH-Ionen aus. Das Ergebnis ist reines Wasser:

Kohlensäure	H_2CO_3	→	Wasser H_2O
Schwefelsäure	H_2SO_4	→	Wasser H_2O
Salpetersäure	HNO_3	→	Wasser H_2O
Salzsäure	HCl	→	Wasser H_2O

Aus Kostengründen werden aber in der Aquaristik nicht stark basische, sondern schwach basische Anionenaustauscher bevorzugt, wie z. B. das Lewatit MP62. Diese haben eine größere Kapazität und benötigen beim Regenerieren eine nur 3%ige NaOH-Lösung. Ihr aquaristisch unbedeutender Nachteil: Sie entfernen die Kohlensäure nicht. Das ablaufende Wasser hat deshalb einen pH von etwa 5,5, der nach Belüftung, d. h. Austreiben des CO_2, auf etwa 7 steigt.

Vollentsalzer sind erschöpft, wenn die Leitfähigkeit des gelieferten Wassers ansteigt. Bei Verwendung eines Indikatorharzes, z. B. Lewatit S100G1, läßt sich die noch verfügbare Kapazität am fortschreitenden Farbumschlag gut erkennen.

Kapazität. Ein Liter des stark sauren Kationenaustauschers Lewatit S100 oder S100G1 und dazu passend 1,3-1,4 Liter des schwach basischen Anionenaustauschers MP62 haben eine Kapazität von etwa 4000 Härteliter. Damit können also bei einem Rohwasser mit z. B. 15 °d GH etwa 270 Liter Wasser vollentsalzt werden, wobei die Durchlaufgeschwindigkeit 0,4 l/min nicht übersteigen soll.

Regenerieren. Beide Austauscher müssen von einander getrennt und einzeln regeneriert werden.

Für 1 Liter Lewatit S100 oder S100G1 braucht man 2 Liter 10%ige Salzsäure, die während etwa 20 Minuten durchlaufen soll. Anschließend wäscht man die Reste der Salzsäure heraus mit 10 Liter Leitungswasser während 20-30 Minuten.

Für 1,4 Liter Lewatit MP62 braucht man 3 Liter 3%ige Natronlauge, die langsam während 20-30 Minuten durchlaufen soll.

Dann wäscht man mit 15 Liter Wasser langsam während etwa 60 Minuten nach.

Achtung: Das Waschwasser für den Anionenaustauscher (hier MP62) darf außer H-Ionen keine anderen Kationen enthalten, sonst wird das Harz unrettbar verdorben! Das Waschwasser muß also entweder vollentsalzt oder vorher durch den Kationenaustauscher gelaufen sein. Aus gleichem Grund muß zum Verdünnen der Natronlauge unbedingt entsalztes Wasser benutzt werden. – Diese Hinweise gelten unabhängig vom Fabrikat.

Beurteilung. Die Vollentsalzung ist das aufwendigste Ionenaustausch-Verfahren, denn es werden zwei Austauscher benötigt. Daher sind Anschaffungskosten und Wartungsaufwand etwa doppelt so hoch. Die Vollentsalzung liefert fast salzfreies Wasser, dessen Leitfähigkeit je nach Verfahren nur 0,05 bis 5 μS/cm beträgt.

Die Vollentsalzung hat gegenüber der Teilentsalzung folgende Vorteile:

- Rohwasser jeder Zusammensetzung ist geeignet.
- Vollentsalztes Wasser wird oft auch anderweitig benötigt (Chemielabor, Dampfbügeleisen, Autobatterie usw.).
- Durch Mischung mit Rohwasser sind Wässer mit beliebig niedrigem Salzgehalt (Härtegrad) herstellbar.
- Das natürliche Ionenspektrum bleibt im fertig gemischten Wasser erhalten.

Mischen. Das vollentsalzte Wasser ist aus osmotischen Gründen lebensfeindlich und daher aquaristisch ungegeignet; es muß unbedingt aufgesalzen werden durch Mischen mit unbehandeltem Rohwasser (zur Osmose siehe unter „Leitfähigkeit“). Um die zum Mischen notwendigen Wassermengen zu berechnen, kann man die altbewährte Kreuzregel benutzen.

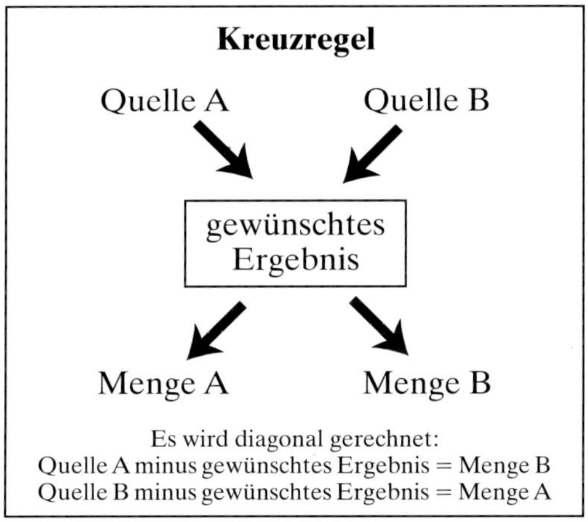

Beispiel: Das Mischwasser soll 4 °d haben. Das Rohwasser habe 18 °d und das entsalzte Wasser hat 0 °d. Dann sieht das Kreuz der Kreuzregel so aus:

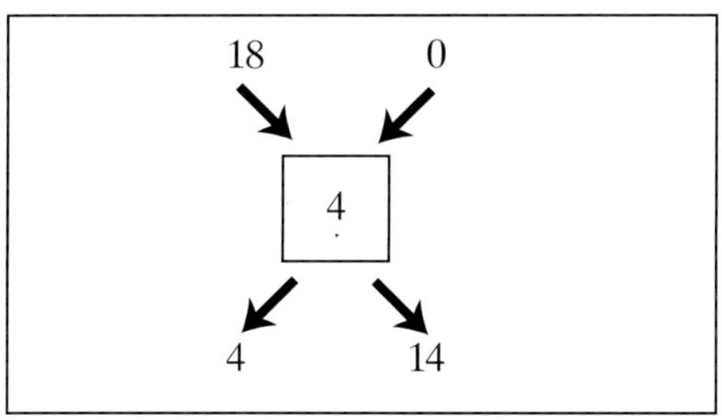

Diagonal wurde gerechnet: $18-4 = 14$, sowie $0-4 = 4$. Also erhält man durch Mischen von 4 Litern Rohwasser (18 °d) mit 14 Litern vollentsalztem Wasser (0 °d) demnach 18 Liter Mischwasser (4 °d).

Die Kreuzregel gilt universell. Man darf also die Maßeinheit °d durch eine andere ersetzen (dann aber generell!), z. B. durch μS/cm oder %. Das ist für andere Anwendungen sehr nützlich, z. B. beim Verdünnen von Regenerierlösungen. Die notwendigen Wassermengen sind aus der Mischtabelle ablesbar:

Mischtabelle

100 Liter Mischwasser mit °d	Literanteil des Rohwassers mit °d										
	4	6	8	10	12	14	16	18	20	22	24
1	25	17	13	10	8	7	6	6	5	5	4
2	50	33	25	20	17	14	13	11	10	9	8
3	75	50	38	30	25	21	19	17	15	14	12
4	100	67	50	40	33	29	25	22	20	18	17
5	-	83	63	50	42	36	31	28	25	23	21
6	-	100	76	60	50	43	38	33	30	27	25
7	-	-	88	70	58	50	44	39	35	32	29
8	-	-	100	80	67	57	50	44	40	36	33
9	-	-	-	90	75	64	56	50	45	41	37
10	-	-	-	100	83	71	63	56	50	45	42
12	-	-	-	-	100	86	75	66	60	55	50

Beispiel: Man benötigt 100 Liter Mischwasser mit 6 °d. Hat das Rohwasser 14 °d, mischt man 43 Liter Rohwasser mit (100 – 43) = 57 Liter vollentsalztem Wasser.

Hinweise. Einige Firmen bieten Vollentsalzer mit Regenerier-Service an und tauschen erschöpfte Austauscher um auf dem Versandweg gegen Zahlung der Regenerierkosten; ein bequemer Weg, der eigene Chemiearbeiten erspart! Diese Vollentsalzer werden meist als Mischbett geliefert, das heißt beide Austauscherharze sind miteinander vermischt in einer Säule. Mischbett-Entsalzer liefern Wasser mit äußerst geringer Leitfähigkeit (Salzgehalt), was aber aquaristisch völlig bedeutungslos ist, weil ohnehin der Salzgehalt etwas heraufgesetzt werden muß durch Zusatz von Rohwasser. Eigenes Regenerieren von Mischbett-Vollentsalzern ist nicht möglich, denn die Harze müssen zuvor voneinander getrennt werden durch Flotation.

Aquarienwasser sollte niemals im Kreislauf über einen Vollentsalzer gefiltert werden („indirekter Wasserwechsel"). Das Verfahren hat mehrere Nachteile. Ein Ionenaustauscher tauscht einzig allein nur Ionen aus, viele (Schad-)Stoffe im Aquarienwasser aber existieren als ladungsfreie Moleküle! Außerdem enthält das Aquarienwasser manche organische Säuren und Basen, die sich in Ionenaustauschern derart fest binden, daß sie beim Regenerieren nicht mehr entfernbar sind; die Austauscher verlieren an Kapazität und verderben unrettbar.

3.4 Regenerierlösungen

Beschaffung. Die benötigten Chemikalien sind in größeren Drogerien oder im Laborfachhandel erhältlich (Branchen-Telefonbuch!).

Salzsäure und Natronlauge kauft man entweder fertig oder stellt sie selbst her durch Verdünnen von Konzentraten mit entsalztem Wasser. Handelsüblich sind 25%ige und 32%ige Salzsäure sowie 33%ige Natronlauge; die sogenannte „Technische“ Qualität genügt vollauf. Die zum Verdünnen jeweils notwendigen Mengen an Konzentrat und Wasser lassen sich leicht berechnen mit Hilfe der Kreuzregel, wie sie beschrieben ist im Kapitel „Vollentsalzung“ unter „Mischen“.

Die Natronlauge kann man auch herstellen durch Auflösen von festem Natriumhydroxid (Ätznatron), das in etwa cm-großen Plätzchen im Handel ist. Um eine 3%ige Natronlauge zu erhalten, werden 30 g Natriumhydroxid pro 1 Liter entsalztem Wasser gelöst. Vorsicht: Die Plätzchen in nur kleinen Portionen stets in das Wasser geben, niemals umgekehrt Wasser auf die Plätzchen gießen!!! Gefährliche Erhitzung und ätzender Dampf wären die Folge!

Citronensäure ist als Pulver erhältlich. Zum Herstellen einer 6%igen Citronensäurelösung werden 60 g Pulver pro 1 Liter Wasser gelöst.

Gefahrenhinweis. Citronensäure ist sowohl in fester wie auch in gelöster Form relativ gefahrlos. Stark ätzend sind dagegen Natriumhydroxid und insbesondere die Konzentrate von Salzsäure und Natronlauge. Die Augen sind besonders gefährdet! Folgende Sicherheitsregeln unbedingt beachten:

- Bei allen chemischen Arbeiten nicht rauchen oder essen. Es besteht Gefahr, daß Chemikalien über den Mund in den Körper gelangen.

- Nur Glas- oder chemikalienfeste Plastikgefäße verwenden. Metalle reagieren chemisch mit Säuren und Laugen.

- Hautkontakt und Spritzer vermeiden, ggf. reichlich mit Wasser abspülen. Am besten Einweg-Handschuhe benutzen.

- Beim Auflösen von Natriumhydroxid sowie beim Hantieren mit konzentrierter Salzsäure oder Natronlauge möglichst im Freien arbeiten und unbedingt Schutzbrille gegen Spritzer tragen. Verätzungen an den Augen hinterlassen bleibende Sehschäden!

- Beim Verdünnen stets zuerst das Wasser in das Mischgefäß füllen und dann das Konzentrat dazugießen, nie umgekehrt! So sind eventuelle Spritzer meist verdünnte Lösung und nicht etwa Konzentrate; außerdem wird eventuell entstehende Wärme besser verteilt.

- Alle Chemikalienbehälter müssen deutlich lesbar beschriftet sein und für Unbefugte unzugänglich aufbewahrt werden. Besondere Vorsicht bei Kindern im Haushalt!

Entsorgung. Die gebrauchten Regenerierlösungen sind Sondermüll und dürfen nicht in die Kanalisation geschüttet werden! Die Lösungen sind aggressiv und müssen neutralisiert werden. Am besten sammelt man sie getrennt nach Art, bis mindestens 10 Liter beisammen sind und gibt sie zur Sondermüllstelle. Adressen erhältlich durch Stadtverwaltung, Bürgermeisterei oder Abwasserwerke.

In Ausnahmefällen kann man kleinere Mengen mit Leitungswasser so stark verdünnen, bis ein pH-Wert zwischen 6 und 9 erreicht ist, und dann mit reichlich Wasser in die Kanalisation geben. Trotzdem vorsichtshalber beim Abwasserwerk nachfragen. Korrosionsschäden im Abwasserkanal lassen sich sehr leicht zurückverfolgen bis zum Verursacher; Strafverfahren und vor allem Schadenersatz sind unerwartet teuer!

Beim Regenerieren von kleinen Austauscheranlagen ist oftmals eine Wasserstrahlpumpe (Laborhandel) sehr hilfreich. Sie wird am Auslauf des Austauschers angeschlossen und ein Schlauch vom Einlauf des Austauschers einfach in das Gefäß mit der Regenerierlösung gehängt. Die Wasserstrahlpumpe saugt die Regenerierlösung durch den Austauscher hindurch und verdünnt sie anschließend mit ihrem Betriebswasser oftmals so stark, daß die obigen Abwasserbedingungen erfüllt werden. Wenn eine Messung das bestätigt, kann man sich so das umständliche Auffangen der durchgelaufenen Regenerierlösung und anschließende Verdünnen bzw. Neutralisieren ersparen.

Hinweis. Einfacher und bequemer ist es, Vollentsalzer mit Regenerierservice zu benutzen: Erschöpfte Vollentsalzer werden vom Hersteller gegen Kostenerstattung umgetauscht gegen regenerierte. Lieferadressen erhältlich über Aquariengeschäfte oder Laborhandel.

3.5 Eigenbau

Bei einer Ionenaustauscher-Anlage befinden sich die Austauscherharze in geeigneten, schlanken Säulen. Die Selbstanfertigung der Harze ist nicht möglich, doch läßt sich durch Kauf der Harze und Anfertigung der Säulen eine Anlage nach eigenen Wünschen erstellen. Der Phantasie und Bastelkunst sind kaum Grenzen gesetzt, und je nach Anwendungsfall sind andere Lösungen sinnvoll. Hier einige Hinweise:

- Als Material eignen sich z. B. Rohre aus PVC. Bei Indikatorharzen empfiehlt sich Acrylglas, um die verfügbare Kapazität am fortschreitenden Farbumschlag abschätzen zu können.

- Die Säulen müssen schlank sein, d. h. ihre Höhe soll mindestens das Drei- bis Vierfache des Durchmessers betragen. Oben und unten sollten Stutzen für Rohr- oder Schlauchanschlüsse vorhanden sein und ggf. Absperrhähne.

- Das Harz besteht aus Kügelchen mit etwa 0,3-1,2 mm Durchmesser. Damit es nicht herausgespült wird, müssen die Säulen zumindest unten mit feinen Sieben abgeschlossen werden. Geeignet sind z. B. Filzscheiben oder durchbohrte, mit Perlontuch überzogene PVC-Scheiben, die gegen Aufwirbeln beim Rückspülen gesichert sein müssen.

- Jedes Harz ändert je nach Beladungszustand sein Volumen, es „arbeitet"; dadurch verfestigt sich das Harzbett. Die Säulen sollten deshalb nur zu etwa 50 % mit Harz gefüllt werden, damit die Füllung regelmäßig gelockert werden kann durch „Rückspülen" von unten nach oben. Im Normalbetrieb laufen Wasser und Regenerierlösung von oben nach unten durch die Säule, um das Harz nicht aufzuwirbeln.

- Luftblasen im Harzbett vermindern die nutzbare Kapazität und müssen vermieden werden. Das gelingt z. B. indem man die Durchlaufgeschwindigkeit unten im Ablauf (nicht etwa oben!) mit einem Hahn drosselt.

- Austrocknen zerstört die Harze. Die Anlage muß so aufgebaut werden, daß die Harze auch bei Nichtgebrauch naß bleiben (Auslaufschlauch hochlegen).

4. Umkehrosmose

Verfahren. Im Normalfall der Osmose wandert das Wasser vom dünneren Medium durch die halbdurchlässige Trennwand hindurch zum konzentrierten Medium; es versucht also, das Konzentrationsgefälle auszugleichen (siehe auch unter „Leitfähigkeit"). Bei der Umkehrosmose wird dem osmotischen Druckgefälle ein genügend hoher mechanischer Druck entgegengesetzt und damit die Wanderungsrichtung des Wassers umgekehrt. Das Wasser diffundiert unter dem äußeren Druck dann umgekehrt vom konzentrierten Medium zum dünneren, und man erhält schließlich auf der einen Seite der Membran reines Wasser und auf der anderen eine stark konzentrierte Salzlösung.

Vereinfacht kann man sich das Verfahren auch als ultrafeine Filtration vorstellen, bei der salzhaltiges Wasser gegen eine feinporige Membran gedrückt wird, wobei aber nur reines Wasser hindurchsikkert. Weil das Wasser wegen des osmotischen Druckgefälles gerne in umgekehrter Richtung wandern möchte, muß man entsprechend hohen mechanischen Druck aufwenden. Der Porendurchmesser der Membranen beträgt etwa 0,1-2,0 μm (1 μm = 1/1000 mm).

Seit einigen Jahren werden Umkehrosmose-Geräte angeboten, die ohne Druckpumpe auskommen, also bereits mit dem üblichen Wasserdruck in der Leitung um 3-5 bar arbeiten können. Die Geräte haben drei Anschlüsse: Rohwasserzulauf, Abwasserablauf, Reinwasserablauf. Ihr Wirkungsgrad steigt mit Wasserdruck und Temperatur; er liegt unter üblichen Bedingungen ungefähr bei 20 %. Das heißt je 100 Liter Rohwasser werden etwa 20 Liter fast salzfreies Reinwasser abgegeben, und 80 Liter Wasser laufen als salzangereichertes Abwasser in die Kanalisation. Die Tagesleistung der für den Aquarienbereich angebotenen Geräte liegt bei täglich 20-100 Liter Reinwasser.

Als Material für die Membran wird z. B. Polysulfon-Polyamid verwendet; dieses hat ein sehr gutes Trennvermögen, ist aber empfindlich gegen Chlor. Dieser Membrantyp sollte sicherheitshalber nur mit vorgeschaltetem Aktivkohlefilter betrieben werden. Ein anderer Membrantyp ist empfindlich gegen Bakterienfraß und daher nur für gechlortes Leitungswasser geeignet. Darauf muß beim Kauf unbedingt geachtet werden! Grundsätzlich ist ein Vor-Feinfilter sehr zu empfehlen, er kann die Lebensdauer der Membran wesentlich verlängern.

Das Reinwasser, auch Permeat genannt, enthält nur etwa 2-10 % der Salze des Rohwassers. Gleichermaßen sinken Härte und Leitfähigkeit. Die Werte lassen sich nicht genau angeben; sie schwanken u.a. je nach Membrantyp, Wasserzusammensetzung und -druck, Temperatur, Betriebszeit usw.

Umkehrosmose reduziert den Gehalt an Ionen ungefähr auf:			
Kationen:		Anionen:	
Ammonium	10%	Chlorid	5%
Blei	4%	Cyanid	4%
Cadmium	4%	Fluorid	6%
Calcium	5%	Hydrogencarbonat	10%
Eisen	2%	Nitrat	6%
Magnesium	3%	Phosphat	3%
Mangan	3%	Selen	5%
Natrium	7%	Silicat	5%
Kalium	7%	Sulfat	3%
Kupfer	3%		

Die Umkehrosmose ist ein rein mechanisches Filterprinzip, d. h. das Rückhaltevermögen wird vom Porendurchmesser der Membran bestimmt und von der Größe und Beweglichkeit der Teilchen im Wasser. Deshalb werden nicht nur Ionen größeren Durchmessers zurückgehalten, sondern auch z. B. Bakterien, Huminstoffe, Pestizide (Insektengifte), Pyrogene und andere organische Verbindungen. – Gasmoleküle sind relativ klein und sehr beweglich, deshalb werden z. B. Sauerstoff, Kohlendioxid und Chlor kaum ausgefiltert.

Wartung. Eine Regenerierung ähnlich wie bei Ionenaustauschern ist nicht erforderlich. Umkehrosmose-Geräte können und sollten möglichst im Dauerbetrieb arbeiten. Verschleißteil ist die Membran. Je nach ihrer Qualität und den Betriebsbedingungen muß sie nach einigen Monaten bis Jahren erneuert werden. Die Kosten der Ersatzmembran sind erheblich. – Bei Ruhepausen über eine Woche müssen einige Geräte mit Formalin behandelt werden, um die Membran vor Bakterienfraß zu schützen.

Beurteilung. Umkehrosmose-Geräte müssen druckfest installiert werden und sind dann sehr einfach zu handhaben. Der Salzgehalt des Rohwassers wird auf etwa 2-10 % reduziert. Das Ionenverhältnis verändert sich etwas dabei, weil nicht alle Salze in gleichem Maße zurückgehalten werden. Die Anschaffungskosten sind hoch, dagegen die Betriebskosten sehr niedrig; sie betragen nur etwa 1/10 der von Ionenaustauschern mit vergleichbarer Leistung. Dabei sind allerdings die erheblichen Ersatzkosten der Membran und der etwa 5fach höhere Wasserverbrauch nicht berücksichtigt (die Abwässer sind chemisch/biologisch unbedenklich). Die Anschaffung lohnt deshalb nur, wenn jeden Tag mindestens 50 Liter entsalztes Wasser gebraucht werden.

E. Analysen tropischer Gewässer

Um einen Eindruck von der chemischen Zusammensetzung tropischer Gewässer zu geben, hier ein Auszug von Analysen aus verschiedenen Regionen. Vollanalysen erfordern umfangreiches Laborgepäck. Die Transportmöglichkeiten sind bei privat finanzierten Expeditionen sehr beschränkt, zumal auch umfangreiche andere Ausrüstung mitgeführt werden muß. Das gilt insbesondere, wenn die Biotope nur schwer zugänglich sind und erst nach längeren Fußmärschen erreicht werden können. Wasserproben, die erst Stunden nach dem Schöpfen analysiert werden, unterliegen leicht Veränderungen; dadurch ergeben sich oft falsche Beschreibungen der Biotope. Ich zog es daher vor, mich auf die wichtigsten Analysen zu beschränken, diese aber unmittelbar am Ort durchzuführen.

Biotop	P	Temp °C	GH °d	KH °d	NH_4 mg/l	NO_2 mg/l	NO_3 mg/l	O_2 mg/l	pH -	CO_2 mg/l	Fe mg/l	Leitf. µS/cm
Amazonien												
Schwarzw.												
Rio Negro	0	29	0,02	<0,1	0,3	<0,01	<1	4,5	3,7	2	0,10	8
Rio Cuiéiros	0	27	0,02	<0,1	1,0	<0,01	<1	5,5	3,5	5	0,10	30
Rio Aracá	0	30	0,02	<0,1	1,4	<0,01	<1	6,0	3,4	4	0,12	15
Klarwasser												
Igarapé Cuiúni	1	27	0,04	<0,1	0,2	<0,01		3,5	3,5	6	0,30	8
Igar. Maquiché	2	30	0,04	<0,1	0,1	<0,01	<1	4,0	4,1	8	0,50	7
Weißwasser												
Rio Demini	0	28	0,2	0,15	0,5	<0,01	<1	6,0	4,8	4	0,22	13
Rio Cuiabá	3	33	1,9	1,9	0,2	<0,01	2	2,0	6,1	12	0,15	70
Süd-Thailand												
bei Ban Lam Kaen	4	26	<0,2	<0,2	0,02	0,01	<1	5,5	5,5	40	0,55	22
Klong Hin Noi	5	26	0,2	0,2	0,04		5	4,0	5,6	12	0,05	13
bei Ban Sak Hu	6	25	0,8	0,8	0,30	<0,01	<1	1,4	6,2	35	0,10	65
Region Phangnga	7	26	9	11	0,08	<0,01	3	6,5	7,7	5	0,05	320
Sri Lanka												
bei Madawela	8	26	20	17	0,02	<0,01		2,5	6,9	70	0,02	540
bei Wattegama	9	26	5	4	0,03	<0,01		4,7	7,5	7	0,08	180
bei Kosgama	10	28	0,7	0,7				6,4	6,0	20	0,50	27
Kuba												
Limonar bei Guamo	11	26	21	14	0,03	0,02	8	8,5	7,2	6	0,04	450
Laguna d. Tesoro	12	23	13	8	<0,2		3	5,5	6,8	2	0,02	600

Angaben wie z. B. <0,02 sagen aus, daß der betreffende Stoff nicht nachweisbar war, wobei die Nachweisgrenze des benutzten Analysenverfahrens 0,02 mg/l betrug.

Spalte P gibt Auskunft über Pflanzenfunde und -biotop:

0 = keine Pflanzen gefunden
1 = Dichte Bestände von Mayaca fluviatiliis, Cabomba schwartzii, Egleria fluctuans(?). Ruhige Buchten in mäßig schnell fließendem Bach.
2 = Reichliche Vorkommen an Eleocharis, Myrriophyllum aquaticum, Egeria najas, Egleria fluctuans(?). Mäßig schnell fließender Bach.
3 = Eichhornia azurea in langsam strömendem Fluß.
4 = Dichte Bestände an Cryptocoryne cordata („blassii") und Barclaya longifolia. Schnell fließender Bach.
5 = Dichte Bestände an Utricularia, Limnophila. Besonnte Quelltümpel.
6 = Limnophila, Characeen.
7 = Cryptocoryne crispatula, Kalksteinregion.
8 = Quellbrunnen mit Cryptocoryne beckettii.
9 = Vallisneria spec. am Ufer eines langsamen, flachen Flusses.
10 = Nitella spec. in einem flachen, trägen Bächlein.
11 = Pistia stratiotes, Callitriche, Potamogeton lucens. Kräftig strömender Fluß mit steilen Ufern.
12 = Potamogeton spec., sehr große Exemplare Ultricularia.

F. Firmenverzeichnis

Alle Firmen liefern grundsätzlich nur über den Zoo- bzw. Laborhandel. Empfehlungen sind aus Wettbewerbsgründen nicht möglich. Auf Anfrage senden die meisten Firmen gerne nähere Informationen und nennen nahegelegene Lieferadressen. Alle Angaben sind ohne Gewähr, bedeuten keine Qualitätsbewertung und erheben keinen Anspruch auf Vollständigkeit.

1. Reagenziensätze für Wasseranalysen

A: preisgünstige, einfache Reagenziensätze (vorwiegend im Zoofachhandel)

1. Aqua-Chemie Herzog, Heininger Straße 53, 71573 Allmersbach
2. Aqua Medic, Dobbenstr. 9, 49152 Bad Essen
3. Brustmann GmbH, Obere Schwemmbach 48, 65375 Oestrich-Winkel
4. Dennerle, Kröpper Straße 17, 66957 Vinningen
5. Dupla-Aquaristik GmbH, Gildemeisterstr. 90, 33689 Bielefeld
6. JBL Joachim Böhme, Dieselstr. 3, 67137 Neuhofen
7. Aquarön, 02829 Holtendorf Nr. 36
8. Sera, Max-Planck-Straße 6, 52525 Heinsberg
9. Tetra, Herrenteich 78, 49304 Melle
0. Tunze, Seeshaupter Straße 68, 82377 Penzberg

B: Reagenziensätze für den Berufs-Chemiker (vorwiegend in Laborfachhandel)

1. Macherey-Nagel, Neumann-Neander-Straße, 52355 Düren
2. E. Merck, Frankfurter Straße 250, 64293 Darmstadt
3. Merck Gesellschaft mbH, Zimbagasse 5, A-1147 Wien
4. Merck ABS, Auer Bittmann AG, Rüchligstr. 20, CH-8953 Dietikon
5. Riedel-de Haen, Wunstorfer Straße 40, 30926 Seelze

	Lieferübersicht										
	A										B
	1	2	3	4	5	6	7	8	9	0	1 - 5
Ammonium	X		X		X	X			X	X	X
Chlor								X			X
Chlorid											X
Eisen			X		X	X		X		X	X
Härte, Carbonat-	X	X	X	X	X	X	X	X	X	X	X
Härte, Gesamt-	X	X	X	X	X	X	X	X	X	X	X
Kalium											X
Kohlendioxid	X			X	X	X			X		X
Kupfer		X	X		X			X		X	X
Mangan											X
Nitrat				X	X	X		X	X	X	X
pH-Wert	X	X	X	X	X	X	X	X	X	X	X
Phosphat					X					X	X
Sauerstoff					X				X	X	X
Sulfat											X
Wasserstoffperoxid											X
Hinweise zur Auswahl der Reagenzien im Kapitel „Die richtigen Reagenzien"!											

2. Elektrische Meßgeräte
(Leitfähigkeit, O_2-Gehalt, pH-Wert, Redoxspannung)

Bischof, Brühler Straße 11-13, 50968 Köln
Dupla-Aquaristik GmbH, Gildemeisterstr. 90, 33689 Bielefeld
Fumigro, Haasstr. 7, 64293 Darmstadt
Sander, Am Osterberg 22, 31311 Uetze-Eltze
Selzle, Franz-Nißl-Str. 40c, 80999 München
Tunze, Seeshaupter Straße 68, 82377 Penzberg

WTW Wiss.-Techn. Werkstätten, Postfach 1642, 82356 Weilheim
WTW-Kühnel GmbH, A.-Scharff-Gasse 4, A-1120 Wien
WTW-Schneider & Co., Austellungstraße 88, CH-8031 Zürich

3. Ionenaustauscher

Die für den Selbstbau von Austauscheranlagen benötigten Austauscherharze kann fast jede Zoohandlung beschaffen, also z. B. die Markenharze „Lewatit" (Bayer AG, Leverkusen), „Permutit" (Permutit GmbH, Berlin) oder „Wofatit" (Chemie AG Bitterfeld-Wolfen, Bitterfeld).

Die nachfolgende Liste enthält Anbieter von kompletten, betriebsfertigen Ionenaustauscheranlagen. Lieferung über den Zoo- bzw. Laborfachhandel.

Dennerle, Kröpper Straße 17, 66957 Vinningen
Reiss, Wilhelm-Soehnle-Straße 13, 71540 Murrhardt
Seral GmbH, Postfach 551, 56225 Ransbach-Baumbach
Seral-Sztatecsny GmbH, Lohnergasse 3, A-1215 Wien
Seral-Renggli AG, Chamerstraße 8, CH-6343 Rotkreuz
Stein, Florastraße 45, 47119 Duisburg
Stössel KDA, Unterdorfstraße 20, 65558 Heistenbach

4. Umkehrosmose-Geräte

Alfauna AG, CH-4313 Möhlin
Dennerle, Kröpper Straße 17, 66957 Vinningen
Fumigro, Haasstr. 7, 64293 Darmstadt
Hirt Karl, A-1070 Wien
OK-Osmose-Technik, Postfach 101433, 44714 Bochum
ROWA Wasseraufbereitung, Heinrich-Hasemeier-Straße 33, 49076 Osnabrück
Schmidt Anlagen, Bachstraße 20, 37176 Nörten-Hardenberg
Wiegandt GmbH, Sterkenhofweg 13, 47807 Krefeld

Stichwortverzeichnis

Die Stichwörter sind nicht immer buchstabengetreu, sondern beschreiben den Sachverhalt. Fette Seitenzahlen weisen auf besondere Schwerpunkte hin.

Aquaristik Literatur aus dem bede-Verlag

RATGEBER ZIERFISCHE RICHTIG FÜTTERN
Dr. Stephan Dreyer

Auf dieses Buch haben alle Aquarianer lange gewartet. Dieser Ratgeber schafft anschaulich Klarheit, bezüglich aller offenen Fragen, zu diesem heiklen Thema.
Optimales Futter beeinflußt Farbe und Zuchtbereitschaft Ihrer Fische positiv. Mit diesem Buch werden Sie das optimale Futter finden. Ein modernes Standardwerk der Aquaristik!

96 Seiten · ca. 75 Farbabbildungen **DM 29,80**

RATGEBER DISKUS-ZUCHT
Bernd Degen

Diskusfische erfolgreich nachzuzüchten ist der große Wunsch aller engagierten Aquarianer. Dieses Buch vermittelt Ihnen alle Profitricks, um zum Erfolg zu gelangen. Erstmals ein Spezialbuch zu diesem Dauerthema. Die informativen Farbabbildungen machen ein Nachvollziehen noch einfacher!

88 Seiten · 104 Farbabbildungen **DM 29,80**

RATGEBER MALAWI-CICHLIDEN-ZUCHT
Weirauch · Stanislawski

Die beiden erfolgreichen Züchter geben praktische Tips aus der täglichen Aquarienpraxis zur Zucht dieser äußerst beliebten Fischgruppe, die auch in den Zoogeschäften der absolute Renner ist.
Endlich ein Buch, das sich intensiv mit dem Thema Zucht und auch dem technischen Drumherum befaßt. Ein ausführlicher, herrlich bebilderter, Artenteil rundet das Buch ab.

88 Seiten · 95 Farbabbildungen **DM 29,80**

bede verlag · Bühlfelderweg 12 · 94239 Ruhmannsfelden Tel: 09929/4241 Fax: 09929/4330